普通应用型院校数据科学与大数据技术专业系列规划教材

U0642530

Spark
程序设计

主　编⊙何　庆　张达敏　王　旭
副主编⊙龙　剑　唐美霞

中南大学出版社
www.csupress.com.cn
·长沙·

图书在版编目(CIP)数据

Spark 程序设计 / 何庆, 张达敏, 王旭主编. —长沙：中南大学出版社, 2021.8

普通应用型院校数据科学与大数据技术专业系列规划教材

ISBN 978 - 7 - 5487 - 1600 - 6

Ⅰ. ①S… Ⅱ. ①何… ②张… ③王… Ⅲ. ①数据处理软件－高等学校－教材 Ⅳ. ①TP274

中国版本图书馆 CIP 数据核字(2020)第 106048 号

Spark 程序设计
Spark CHENGXU SHEJI

主编 何 庆 张达敏 王 旭

□责任编辑 韩 雪

□责任印制 唐 曦

□出版发行 中南大学出版社

　　　　　社址：长沙市麓山南路　　　　邮编：410083

　　　　　发行科电话：0731 - 88876770　　传真：0731 - 88710482

□印　　装 长沙印通印刷有限公司

□开　　本 787 mm × 1092 mm 1/16　□印张 14.25　□字数 353 千字

□版　　次 2021 年 8 月第 1 版　□2021 年 8 月第 1 次印刷

□书　　号 ISBN 978 - 7 - 5487 - 1600 - 6

□定　　价 46.00 元

普通应用型院校数据科学与大数据技术专业系列规划教材

编写委员会

主任

谢 泉

副主任

（按姓氏笔画排序）

王 力　刘 杰　刘彦宾　肖迎群

张小梅　夏道勋　高廷红　穆肇南

委 员

（按姓氏笔画排序）

马家君　卢涵宇　田泽安　向程冠

刘宇红　刘运强　何 庆　杨 华

张 利　张著洪　金 贻　秦 学

熊伟程

总 序
PREFACE

　　中国实施大数据战略，加速了发展数字经济、建设数字中国的步伐。习近平总书记指出"大数据是信息化发展的新阶段"，并做出了"推动大数据技术产业创新发展，构建以数据为关键要素的数字经济，运用大数据提升国家治理现代化水平，运用大数据促进保障和改善民生，切实保障国家数据安全"的战略部署，指明了我国大数据发展方向。"大数据"作为一种概念源于计算领域，之后逐渐延伸到科学和商业领域，并引发商业应用领域对大数据方法的广泛思考与探讨。大数据浪潮汹涌，数据量爆发式增长，各行各业都在体验大数据带来的革命，这绝不仅仅是信息技术领域的革命，更是在全球范围加速企业创新、引领社会变革的利器。

　　大数据之"大"，并不仅仅在于"容量之大"，更大的意义在于通过对海量数据的交换、整合和分析，发现新的知识，创造新的价值，带来"大知识""大科技""大利润"和"大发展"。大数据具有海量性、多样性、时效性及可变性等特征，无法在可接受的时间内用传统信息技术和软硬件工具对其进行获取、管理和处理，需要可伸缩的计算体系结构以支持其存储、处理和分析。在大数据背景之下，精通大数据的专业人才将成为大数据领域重要的角色，大数据行业从业人员薪酬持续增长，人才缺口巨大，迫切需要高等院校及时培养大量相关领域的高级人才。

　　我国教育部为了响应社会发展需要，率先于2016年正式开设"数据科学与大数据技术"本科专业及"大数据技术与应用"专科专业。近几年，全国形成了申报与建设大数据相关专业的热潮。随着大数据专业建设的不断深入，相关教材的缺失或不适用成为开设本专业院校面临的一大难题。为了解决这一难题，由中南大学出版社策划，贵州大学、湖南大学、贵州师范大学、贵州师范学院等院校联合编写了"普通应用型院校数据科学与大数据技术专业系列规划教材"。

　　本套系列教材具有如下特点：

　　1.本套教材参照"数据科学与大数据技术"专业的培养方案，突出专业培养特色，强基

1

础，重实践，兼顾专科院校偏应用的特点，打造出一套适用于本科院校"数据科学与大数据技术"专业和专科院校"大数据技术与应用"专业的教材。

2. 教材内容图文并茂，可读性强，数字化资源配套齐全。本套丛书为结合信息技术手段的"互联网＋"系列教材，读者通过扫描书中的二维码，即可阅读更丰富、更直观的拓展知识，让学习不再枯燥，将课程相关的学习素材如知识图谱、课后习题解析、拓展知识、小视频等通过信息技术与教材紧密结合。

3. 响应教育部"新工科"研究与实践项目的要求。本套教材增加相关的实验环节，作为知识主线与技术主线把相关课程串接起来，培养学生动手实践的意识和综合利用大数据分析技术与平台的能力。

本套丛书吸纳了数据科学与大数据技术教育工作者多年的教学、实践经验与科研成果，凝聚了作者们的辛勤劳动。我相信本套教材的出版，将对我国数据科学与大数据技术专业教学质量的提高将有很好的促进作用，同时，对完善大数据人才培养体系，加强人才储备与梯队建设，推动大数据领域学科建设具有重要意义。

谢 泉

2021 年 3 月

前 言

FOREWORD

随着信息技术的飞速发展和大数据相关产业的蓬勃发展，随之而来的数据资源越来越庞大、越来越复杂。面对这些海量的数据资源，传统数据库和传统数据处理技术在很多方面已经不能满足现实需要，产生了数据"难理解、难获取、难处理和难组织"的四个难题。然而，对于海量数据处理的教学体系还存在建设阶段。在此背景下，为使读者能系统地了解和学习大数据下数据资源处理技术，特组织编写些教材。

在大数据这个概念出现以前，数据的存储和处理普遍地使用传统数据库，它是按照数据结构来组织、存储和管理数据仓库，并基于此来分析应用数据，获取数据中应有的信息和价值。然而面对数据量的迅猛增长，以及其中数据结构类型的复杂多变，无论是对传统企业的数据管理部门，还是对互联网企业的在线业务，都普遍需要针对大数据的特别处理技术才能进一步发展。因此构建一个如何存储、处理这些数据资源的技术平台成为当时重要的研究领域，大数据在处理海量数据资源的急切需要和激烈碰撞中孕育而生。

大数据的发展也是一个长期的发展过程，但 IT 界普遍认为大数据技术起源于谷歌的"三架马车"：GFS、MapReduce 和 BigTable。2003 年，Google 发表 Google File System（GFS）论文，次年再次发表了 MapReduce 论文，2006 年发表了 BigTable 的论文。当时的 Nutch 项目组依据 Google 发表的一系列论文，同时在各大互联网公司的技术支持和推动下，分别开源实现了著名的 HDFS 和 MapReduce，促成了 Hadoop 系统的诞生。Hadoop 改变了对数据的存储、处理和分析的技术过程，加速了大数据与大数据技术的发展，得到业界广泛的认可和应用。

但 Hadoop 仍有不少待解决的问题，例如性能差、时延高，使得数据的实时处理支持较差。直到 2014 年伯克利大学 AMP 实验室开发了更加高速、灵活的 Spark 系统，并通过多年的发展逐渐替代关键的 MapReduce 成为 Hadoop 的默认执行引擎。正是因为 Spark 在迭代计算和实时分析领域占据了绝对优势，目前已经被不少互联网公司和传统企业采用，将大部分数据挖掘算法和迭代式算法逐步从 MapReduce 平台迁移到 Spark 平台。

本书内容围绕大数据资源管理的 Spark 架构，由浅入深地对 Spark 相关知识进行介绍，从理论基础的学习到使用方法的实践，希望能帮助读者走进大数据的世界，熟悉大数据基础平台 Spark 的基础和使用。

本书适用于本科生以及研究生按照课程学习或自主学习 Spark，但本书学习前需要预先熟悉一些计算机科学的综合知识，要求读者至少学过一门计算机程序设计课程，以及相应的操作系统相关课程，并能自主地完成特定软件环境的搭建与使用。本书依照 Spark 的核心内容，按以下章节结构由浅入深地完成学习内容。

第 1 章，简单介绍了大数据、Spark、Hadoop 等核心概念，并且围绕 Spark 的产生背景、特征以及一些操作类型来展开详细描述，多角度了解 Spark，为后续章节作铺垫。第 2 章，主要介绍 Python 计算机程序语言，采用代码示例和基础概念模式通过对函数式编程的数据结构、对象序列化、函数式编程基础的介绍，掌握 Python 编程的基础知识。第 3 章，详细讲解了 Spark 在虚拟机 VMware Workstation 环境的安装及配置，读者可以按照详实的实际操作步骤完成 Spark 部署。第 4 章，详细讲解了 Spark 的整体架构和运行原理，以及 Spark 的三个集群管理器和将应用连接到集群的模式。读者可以从整体上梳理一遍 Spark 内部的运行逻辑，可以更容易地掌握 Spark 的基本架构、概念和运行过程。第 5 章，详细讲解了 RDD 的定义、RDD 的特性，以及主要应该掌握的 RDD 操作，并学会运用转化操作和行动操作处理实际问题。第 6 章，详细讲解了在 Python 中使用 Spark 的核心 API 的所有内容，以及如何在 Spark 中对数据进行采样，优化 Spark 程序的一些思路。第 7 章，详细讲解了 Spark SQL 的环境以及 Spark SQL 的一些操作。第 8 章，详细讲解了 Spark Streaming，了解它支持实时数据流的处理，并具有可伸缩性，高吞吐量和容错能力，并且可以使用由高级函数表示的复杂算法来处理数据。第 9 章，详细讲解了 Spark MLlib 的概念，并对 Spark MLlib 提供的机器学习工具进行了介绍与举例练习，对特征工程中所包含的特征提取、特征转换、特征选择以及降维进行介绍，并详细介绍了机器学习库，包括分类、回归、聚类、协同过滤、降维等，并举例进行说明。

编者

2021 年 5 月

目　录

CONTENTS

1

第1章

大数据、Spark 概论

1.1 大数据

随着信息技术与互联网技术的不断发展，各个行业的计算机系统积累着越来越庞大且复杂的数据资料，人类社会迎来全新的大数据(big data)时代。对于大数据这一关键词，业界有不同的定义。维克托·迈尔-舍恩伯格与肯尼思·库克耶编写的《大数据时代》一书中指出，大数据不用抽样调查方法，而对所有数据进行分析处理；维基百科定义，大数据是指常用数据库管理工具捕获、管理和处理数据所耗时间超过容忍时间的大型且复杂的数据集；麦肯锡定义，大数据是指一种大到无法用传统数据库软件工具对其内容进行抓取、存储和分析等的数据集合。

无论按照哪种定义，都体现了大数据的普遍特征：5V + C + O。既多样化(variety)、海量(volume)、快速(velocity)、灵活(vitality)、价值性(value)、复杂(complexity)、在线(online)。variety 指数据种类和来源多样化，包括传统行业信息化的结构化数据，以及来自互联网的文本、图片、音频、视频、网络日志、地理位置信息等半结构化或非结构化数据；volume 指数据量大，通常按照 PB(1000 个 TB)、EB(100 万个 TB)或 ZB(10 亿个 TB)来进行计量；velocity 指数据处理、增长速度快，时效性要求高；vitality 指数据体系的动态性，其可以用于人工智能、数据分析、用户画像等；value 指数据价值密度低，在海量数据里提取有价值的信息犹如浪里淘沙；complexity 指数据处理的复杂性；online 指数据可以永远在线，而且可以随时调用和计算处理，这也是大数据区别于传统数据的最大特征。

大数据的终极目标是从数据中提取有用信息，因此必须对大数据进行处理与分析。对大数据的分析主要分为五个方面：可视化分析(analytic visualization)、数据挖掘算法(date mining algorithms)、预测性分析能力(predictive analytic capabilities)、语义引擎(semantic engines)和数据质量管理(data quality management)。可视化分析是对大数据分析结果进行展现的技术与方法，通过将大量的数据自动变成便于研究观察的形式，使得用户更容易接受与理解。数据挖掘算法是大数据分析和处理的理论核心，其根据算法事先定义好的数学公式，将收集到的数据作为参数变量带入其中，从而在复杂的数据中挖掘出有价值的信息。预测性分析能力是大数据分析最重要的应用领域，其在大量复杂的数据中挖掘出信息的特点、规律，以此建立科学的数据模型，再向模型输入新的数据，从而预测未来的事件走向和趋势。语义引擎是机器学习的成果之一，可以对大量复杂的已分析数据进行学习，加强对输入内容的精准理解，使其尽量精准地把握用户输入内容，精确地理解内容含义和用户需求，保证优质的用户体验。数据质量管理是大数据在企业领域的重要应用，通过建立数据质量管理系统，在所收集的海量复杂数据中去除垃圾信息，挑选、保留真实且准确的数据。

大数据已经在各个领域得到了丰富且有效的应用，例如，典型的商业案例就是沃尔玛通过销售数据对消费者购物行为的关联分析，从而了解顾客购物习惯，创造了"啤酒与尿布"的经典商业案例；在金融领域，华尔街"德温特资本市场"公司分析全球 3.4 亿社交媒体账户数据，判断民众情绪，依据大众情绪决定公司股票的买入或卖出。除此之外，大数据在互联网、社会管理、科学等领域都展现了美好的应用前景。

1.2　大数据分布式计算平台

数据分析的前提是大数据处理，传统单一的数据计算处理技术已经无法处理大型数据集，全新的大数据处理技术与工具孕育而生。目前，主要有两种大数据处理方法：第一种是集中式计算，该方法以扩大处理器数量来提升单个计算机的计算性能，进而加快数据处理的速度。第二种方法是分布式计算，该方法与集中式计算是相对的。即一组计算机通过网络相互连接组成分散系统，并将待处理的数据划分成多个部分，由系统内的不同计算机同时计算这些数据，整合这些不同的计算结果，从而输出最终结果。分布式计算中即使单个计算机的数据处理能力不强，但其中每个计算机只处理部分数据，且多台计算机同时处理数据并合并处理结果，也可以获得较高的处理速度。

目前，分布式的大数据处理技术由于满足了对海量数据的有效处理而在各行业中广泛应用，其中 Hadoop、Storm、Spark 是分布式大数据系统的三大主流，三种框架都各有千秋，在不同的应用场景下表现力不同。

Hadoop 使用 Map Reduce[①] 分布式计算框架对数据进行切片计算，以处理大量离线数据。Hadoop 在 GFS、Big Table 基础上分别开发了 HDFS 分布式文件系统和 HBase 数据存储系统，只有存放在 HDFS 上或存储于 HBase 的数据库中的数据，Hadoop 才能处理。Hadoop 更适用于海量数据并行计算、离线分析、日志处理、网页搜索引擎、个性化广告推荐等场景。

Storm 是由 Java 和 Clojure[②] 编写的开源流式计算框架，全内存计算是 Storm 的优势，因此其定位是分布式实时计算系统。Storm 的适用场景包括分布式 RPC 和流数据处理，即用来处理不断流入的消息，并在处理后将结果写到特定存储中；基于 Storm 的处理组件是分布式的，而处理延迟非常小，因此其可作为通用的分布式 RPC 框架。

---

① Map Reduce 是 Google 提出的一个软件架构，用于大规模数据集(大于 1 TB)的并行运算。概念"Map(映射)"和"Reduce(归纳)"，以及它们的主要思想，都是从函数式编程语言以及矢量编程语言借用来的特性。

② Clojure 是 Lisp 编程语言在 Java 平台上的现代、动态及函数式方言。与其他 Lisp 一样，Clojure 视代码为数据且拥有一套 Lisp 宏系统。

Spark 是以速度、复杂分析、易用性为核心创建的基于内存计算的开源集群计算框架，快速地执行数据分析是 Spark 的主要目标。Spark 由加州伯克利大学 AMP 实验室使用 Scala[①] 开发。Spark 根据 Map Reduce 算法执行分布式计算，继承了 Hadoop Map Reduce 的优点，但与 Map Reduce 不同的是，它可以将 Job 中间输出和结果存储于内存中，不再需要读写 HDFS，因此 Spark 可以提供超过 Hadoop 快 100 倍的运算速度，能更好地适用于数据挖掘与机器学习等需要迭代的算法。然而，由于内存断电后会导致数据丢失，Spark 无法对需要长期保存的数据进行处理。Spark 是基于内存的迭代计算系统，对特定数据集进行多次运算后，需要反复操作的次数不断增加，应用中所需要读取的数据量越大，受益越大；反之，计算密集度大而数据量小的场合，受益越小。此外，基于 RDD 的特性，Spark 在异步细粒度更新状态的应用场景下适应度较低。综合来说，Spark 在多次操作特定数据集以及粗粒度更新状态应用下具有较好的表现力。

简单来说，Hadoop 常用于离线且复杂的大数据处理，Storm 常用于在线且实时的大数据处理，而 Spark 常用于离线且快速的大数据处理。

1.3　Hadoop 简介

Hadoop 是 Apache 开源组织的分布式计算开源框架，可以让开发人员较容易地编写分布式程序以处理海量数据，并且能让程序在成百上千个结点构建的大规模计算机集群上运行。Hadoop 最初源自 Apache Nutch[②] 项目。Nutch 的设计目标是构建一个大型的全网搜索引擎，包括 Web 爬取、查询、索引等功能，随着爬取网页数量的增加，可扩展性问题成为 Nutch 项目的巨大阻碍。Google 在 2003 年、2004 年发表的两篇文章为解决此问题提供了可行的方案：一种是用于海量网页的索引计算的分布式计算框架 Map Reduce；另一种是能处理大量网页存储的分布式文件系统（GFS）。因此，Nutch 的开发人员在 2005 年实现了开源 Map Reduce 和 HDFS，并将其从 Nutch 中分离出来成立独立项目 Hadoop。

随着大数据技术的普及，Hadoop 已经成为该领域的事实标准，是数据分布式处理系统的典型代表。Hadoop 相对于其他分布式框架来说具备更多优点。例如，可伸缩性：Hadoop 能够分发数据和计算给可用计算机集群而无须终止集群服务，此外，这些集群又可扩张到上千个节点。简单：Hadoop 所构建的并行编程模型较为简单，使得用户能容易搭建分布式平台，无须熟悉分布式存储和计算的底层框架就能编写、运行分布式应用程序，从而处理集群上的海量数据。高效：数据交互存在于 Hadoop 的分布式文件系统中，可采用并行处理的方法提升对数据的处理速度。可扩展性：Hadoop 节点之间的数据可动态移动，以此保持各个节点间的动态平衡，处理数据速度较快，可扩展性较高。可靠性：在 Hadoop 的分布式文件系统中，存储数据以块为单位进行，为保证数据的可靠度，依据相应策略将各个数据块冗余存储于集群节点中，以此重新分配处理故障节点。低成本：可以通过普通较低成本的服务器进行搭建，任何人都能使用。基于上述特征，Hadoop 成为最热门的大数据分析

---

① Scala 是一门多范式的编程语言，设计初衷是集成面向对象编程和函数式编程的各种特性。

② Apache Nutch 是一个高度可扩展和可伸缩的开源 Web 爬虫程序软件项目。

框架。

与此同时,Hadoop 也有一些缺点:①数据访问的时间延迟较高。需要在数十毫秒内完成数据访问的应用程序不适合在 HDFS 上运行。虽然 HDFS 的数据吞吐量大,但以较高的时间延迟为代价,可以通过运用 HBase 满足低延迟的访问需求。②无法高效存储大量小文件。若小文件数量较多,整个文件系统的目录树和索引目录就会增大。

Hadoop 具有多重角色,不仅是分布式计算平台,也是数据管理系统。可以汇聚分布在企业、组织中不同计算机应用的结构化和非结构化数据,是数据分析的中枢。Hadoop 也是一个大规模并行处理系统,具有超级计算能力,可以有效推动大型企业应用的执行。Hadoop 作为大数据处理平台,同时也是一个优秀的开源社区,提供解决大数据问题的一系列软件和工具。这些软件与工具组成了 Hadoop 的生态系统,主要有数据集成、数据存储、数据处理以及进行数据分析的其他特定工具。例如,HDFS、Map Reduce、HBase、Zookeeper、Oozie、Pig、Hive 等核心组件,另外还包括 Sqoop、Flume 等框架,用来与其他应用进行融合。此外,Hadoop 生态系统仍在不断扩展,如新增加的 Ambari、Mahout、Bigtop、Whirr 等应用内容,以提供更多新的功能。

1.4　Spark 简介

Spark 最初由美国加州伯克利大学的 AMP 实验室(Algorithms、Machines and People Lab)于 2009 年开发,用来搭建低延迟的、大型的数据分析应用程序,是基于内存计算的并行计算系统。最初 Spark 仅属于研究型项目,其核心思想均来源于诸多学术论文。

2014 年,Spark 成为 Apache 软件顶尖项目,现已是 Apache 软件基金会最关键的三大分布式计算系统开源社区之一(即 Hadoop、Storm、Spark)。

1.4.1　Spark 产生背景

大数据处理技术研发前期,只有 Map Reduce 技术进行应用,而 Map Reduce 对迭代式计算、交互式计算不友好。早在 Hadoop1. x 版本中,采用 MRv1 版本的 Map Reduce 编程模型,包括三个部分:运行时环境(Job Tracker 和 Task Tracker)、编程模型(Map Reduce)、数据处理引擎(Map Task 和 Reduce Task)。MRv1 版本的实现都封装在 org. apache. hadoop. mapred 包中,Map 和 Reduce 是通过接口实现的。然而,MRv1 存在以下主要缺陷。

(1)可扩展性差:在操作时,Job Tracker 需负责任务调度和资源管理任务,若集群处理繁忙时,Job Tracker 很容易变成整体系统瓶颈。

(2)可用性差:在 MRv1 中采用的是单节点 Master,不具有备用 Master 和选举处理,只要 Master 出现故障,整个集群将无法运行。

(3)资源利用率低:Task Tracker 采用"Slot"(表示 CPU、内存等计算资源)对本节点上的资源量进行均匀划分。只有当 Slot 被 Task 获取后才能运行,并由 Hadoop 调度器负责将各个 Task Tracker 上的空闲 Slot 分配给 Task 使用。Slot 并不能被一些 Task 充分利用,其他 Task 也不能处理这些空闲资源。Slot 有 Map Slot 和 Reduce Slot 两种之分,分别交由 Map Task 和 Reduce Task 使用。因作业刚被启动等原因致使 Map Task 很多而 Reduce Task 任务还没有调度的情况下，Reduce Slot 将被闲置。

（4）不能支持多种 Map Reduce 框架：不能利用可插拔方式将自身 Map Reduce 框架转换为 Storm、Spark 等其他框架。

为了解决 MRv1 的问题，Apache 对 Hadoop 改造升级，产生 MRv2。MRv1 中的数据处理引擎以及编程模型被 MRv2 继承从而重建了运行时环境。Job Tracker 被拆分为通用的三个组件，包括节点管理器（Node Manager）、资源调度平台（简称 RM，Resource Manager）、负责各个计算框架的任务调度模型（简称 AM，Application Master）。Node Manager 的主要任务是管理单个节点的资源，并把资源信息、Container 运行状态、健康状况等数据呈报给 Resource Manager。Resource Manager 依旧对整个集群的资源进行管理，但是在任务资源的调度领域只负责将资源封装为 Container，分配给 Application Master 的一级调度，二级调度的细节交给 Application Master 去完成。这大大减轻了 Resource Manager 的压力，使得 Resource Manager 更加轻量。Resource Manager 为了保证 Container 的利用率，会监控 Container，如果 Container 未在有限的时间内使用，则 Resource Manager 命令 Node Manager 杀死 Container，以便于将资源分配给其他任务。MRv2 的核心不再是 Map Reduce 框架，而是 Yarn，此时 Map Reduce 框架是可插拔的，完全可以替换为 Spark、Storm 等其他分布式计算框架实现。

MRv2 虽然解决了 MRv1 中所面临的一些问题，但是由于对 HDFS 的计算结果持久化、资源下载、Shuffle（混洗）、数据备份等操作的频繁处理，又使得磁盘 I/O 成为整体系统性能的瓶颈，因此仅适用于批处理和离线数据处理场景，而在迭代式、交互式、流式数据等方面适用性较差。

总的来说，Map Reduce 仍存在诸多问题，如迭代处理效率低（例如处理机器学习、图计算等）、仅支持 Map 和 Reduce 两种操作、不适合交互式处理、不适合流式处理、编程不灵活等。同时，各种大数据计算框架各自为战，如批处理的 Map Reduce、Hive、Pig，流式计算的 Storm，交互式计算的 Impala，等等。因此急需能同时进行批处理、流式计算、交互式计算的大数据处理框架。

基于上述问题，通过对 Map Reduce 再次优化升级，Spark 应运而生，其主要改进了以下几点。

（1）减少磁盘 I/O：实时大数据应用的增多，使得 Hadoop 无法满足低响应、离线的高吞吐需求。而且 Map Reduce 的中间输出和结果由 Map 端存储于磁盘中，中间结果由 Reduce 端从磁盘中读写出来，磁盘 I/O 终将变成瓶颈。Spark 允许将 Map 端的中间输出和结果存放于内存中，Reduce 端在获取中间结果时减少了许多磁盘 I/O。

Hadoop Yarn 中的 Application Master 申请到 Container 后，具体的任务需要利用 Node Manager 从 HDFS 的不同节点下载任务所需的资源（如 JAR 文件），这也增加了磁盘 I/O。在 Spark 中，应用程序上传的资源文件由 Spark 缓冲到 Driver 本地文件服务的内存中，当 Executor 执行任务时直接从 Driver 的内存中读取，节省了大量的磁盘 I/O。

（2）增加并行度：在 Hadoop 中，将中间结果写入磁盘和在磁盘读取中间结果是不同的环节，Hadoop 只能通过串行操作将它们连接。而 Spark 把不同的环节视为 Stage，准许多个 Stage 既可并行处理，又可串行执行。

（3）避免重新计算：Stage 中某个分区的 Task 执行失败后，此 Stage 将被重新调度，并在重新调度的过程中筛选已经成功执行的分区任务，避免了重复计算和资源浪费的问题。

（4）可选的 Shuffle 和排序：在 Shuffle 使用之前，Map Reduce 是固定的排序操作（只能对 Key 排字典顺序），而 Spark 依据不同场景选择从 Map 端或者 Reduce 端进行排序。此外，Spark 的内存有四个部分：堆上的存储内存、堆外的存储内存、堆上的执行内存、堆外的执行内存。Spark 既可实现执行内存与存储内存之间是固定边界，又可实现执行内存和存储内存之间是"软"边界。Spark 默认执行"软"边界，当执行内存与存储内存的其中一个资源不足时均可向另一方借用内存，以充分提升资源的利用率，尽量避免资源浪费。Spark 内存使用效率更高，它由内存管理器提供的 Tungsten 实现了一种与操作系统的内存分页较为一致的数据结构，用来直接处理操作系统内存，降低了创建的对象在堆中占用的内存，使 Spark 对内存的使用效率向硬件使用效率靠近。Spark 的内存管理更加精细，它会给每个 Task 分配一个匹配的任务内存管理器用以管理 Task 粒度的内存；而 Task 的内存可以交由多个内部的消费者使用，任务内存管理器分配并管理每个消费者 Task 内存。

1.4.2　Spark 特征

Spark 作为大数据计算系统的新秀，打破了 Hadoop 在 2014 年保持的 Sort Benchmark（排序基准）纪录，在 23 min 内使用 206 个节点完成了 100 TB 数据的排序，而 Hadoop 则是在 72 min 的时间里使用 2000 个节点完成等量数据的排序。排序纪录表明，Spark 只运用了约十分之一的计算资源就实现了比 Hadoop 快 3 倍的处理速度。新的纪录也体现了 Spark 是一个效率高、处理速度快的大数据计算平台，突出了 Spark 所具有的以下几个特点。

（1）运行速度快：Spark 使用了一个高级 Directed Acyclic Graph（有向无环图）执行引擎来支撑内存和循环数据流的计算，相对于 Hadoop 利用内存的执行速度要快上近百倍，而磁盘的执行速度要快上近十倍。

（2）易用性好：Spark 可以采用 Java、Scala、R 语言、Python 等编程语言进行编程，简单的 API 设计帮助用户可以简单快捷地搭建并行程序，还可采用 Spark Shell 编写交互式程序。

（3）通用性强：Spark 提供了包括流式计算、SQL 查询、图算法以及机器学习组件，构成完整而强大的技术堆栈，这些组件可无缝连接在应用中来完成复杂的计算。

（4）运行模式多样：Spark 可在 Hadoop 中运行，也能在独立的集群模式下运行，还能在 Amazon EC2 等云环境中运行，并且可以访问 HDFS、Cassandra、HBase、Hive 等多种数据源。

1.4.3　Spark 相关概念

学习 Spark 时，应掌握 Spark 的相关概念。在此，本书依据 Spark 的组件构成来介绍这些概念。

（1）Application：Application 与 Hadoop Map Reduce 类似，都是指用户编写的 Spark 应用程序，其中包含了一个 Driver 功能的代码和分布在集群中多个节点运行的 Executor 代码。

（2）Driver：Driver 是 Application 的驱动程序，可以理解为使程序运行的 main 函数。它会创建 Spark Context。Application 通过 Driver 与 Cluster Master 和 Executor 进行通信。Driver

可以运行在 Application 中，也可以由 Application 提交给 Cluster Master，由 Cluster Master 安排 Worker 运行。Driver 的主要作用有创建 Spark 的上下文，划分 RDD 并生成有向无环图（DAG scheduler），与 Spark 中的其他组进行资源协调（scheduler backend），生成并发送 Task 到 Executor（task scheduler），等等。

（3）Cluter Manager：Spark 的集群管理器，主要负责对整个集群资源的分配和管理。根据部署模式的不同，可以分为 Hadoop Yarn 和 Apache Mesos。Hadoop Yarn 主要是指 Yarn 中的 Resource Manager。Yarn 是 Hadoop 2.0 引入的集群管理器，可以让多种数据处理框架运行在一个共享的资源池上。Apache Mesos 主要是指 Mesos Master，Mesos 是一个通用的集群管理器，可以将存储、内存、CPU 以及其他计算资源从设备（物理或虚拟）中抽象出来构建一个池的逻辑概念，从而构建高效率、高容错与弹性分布式系统。

（4）Worker Node：Spark 的工作节点，用于执行提交的作业，若在 Yarn 的部署模式下，Worker Node 由 Node Manager 代替。Worker Node 可以通过注册机制向 Cluster Master 汇报自身的 CPU 和 Memory 等资源，可以在 Master 的指示下创建启动 Executor，还可以将资源和任务进一步分配给 Executor 并同步资源信息、Executor 状态信息给 Cluster Master。

（5）Task：被送到 Executor 上的工作单元。Spark 上有两类 Task：一类是 Shuffle Map Task，对不同的 Partition 进行重组，形成宽依赖关系，是不同 Stage 的中间过渡；另一类是 Result Task，是一个 Job 中最后的一个 Task，这个 Task 的结果被提交到下一个 Job 中。

（6）Executor：Executor 是真正执行计算任务的组件，是某个 Application 运行在 Worker 节点上的一个进程。该进程负责运行某些 Task，并且将数据存储到内存或磁盘上，每个 Application 都有各自独立的一批 Executor，在 Spark on Yarn 模式下，其进程名称为 Coarse Grained Executor Backend。一个 Coarse Grained Executor Backend 有且仅有一个 Executor 对象，主要任务是将 Task 包装成 Task Runner，并在线程池中挑取一个空闲线程运行 Task。分配到每个 Coarse Grained Executor Backend 的 CPU 数量决定着能并行运行 Task 的数量。

（7）Job：Job 包含很多 Task 的并行计算，可以认为是 Spark RDD 里面的 Action，每个 Action 的计算会生成一个 Job。用户提交的 Job 会提交给 DAG Scheduler，Job 会被分解成 Stage 和 Task。

（8）Stage：一个 Job 会被拆分为多组 Task，每组任务被称为一个 Stage。在 Spark 中有两类 Task，一类是 Shuffle Map Task，另一类是 Result Task。第一类 Task 输出的是 Shuffle 所需数据，第二类 Task 输出的是 Result。Stage 的划分也以此为依据，Shuffle 之前的所有变换是一个 Stage，Shuffle 之后的操作是另一个 Stage。Stage 的边界就是产生 Shuffle 的地方。

（9）Partition：Partition 类似 Hadoop 的 Split，是一种划分数据的方式。计算以 Partition 为单位进行的，Partition 可以自己定义划分依据。例如，HDFS 文件划分的方式以文件的 Block 来划分不同的 Partition。

1.4.4　Spark 编程接口

外部计算机程序可以通过 Spark 提供的开发库来获得 Spark 集群的计算能力，但这些开发库都是由 Scala 编写的。为了面向多种计算机程序语言（Scala、Python、Java 等）进行 Spark 应用开发，Spark 提供了多种计算机程序 API，因此可以使用不同的程序语言进行开发和使用(为了方便环境的搭建与使用,本书主要使用 Python 语言进行 Spark 的程序开发演示)。

Spark 的编程接口主要由两个抽象部件组成:Spark Context 和 RDD。应用程序通过这两个部件和 Spark 进行交互,连接 Spark 集群并使用相关计算能力与资源。

1. Spark Context

Spark Context 是所有 Spark 功能的入口,例如提交作业、分发任务、注册应用等功能。一个 Spark Context 实例表示和 Spark 的一个连接,要想把作业提交到集群中,必须建立连接。因此运行 Spark 应用前,首先需要初始化 Spark Context 来驱动程序执行,才能将任务分配至 Spark 的工作节点中执行,创建 RDD 和 Broadcast 广播变量。代码 1-1 表示 Spark Context 类中的属性。

代码 1-1

```
class pyspark. SparkContext (
master = None,
appName = None,
sparkHome = None,
pyFiles = None,
environment = None,
batchSize = 0,
serializer = PickleSerializer( ),
conf = None,
gateway = None,
jsc = None,
profiler_cls = < class 'pyspark. profiler. basicprofiler' = " " > )
```

其中,各参数含义如下。

master:Spark 集群的入口 URL 地址。

appName:任务名称。

sparkHome:Spark 安装目录。

pyFiles:. zip 或. py 文件可发送给集群或添加至环境变量中。

environment:Spark Worker 节点的环境变量。

batchSize:批处理数量。设置为 1 表示禁用批处理,设置为 0 表示根据对象大小自动选择批处理大小,设置为 -1 表示使用无限批处理大小。

serializer:RDD 序列化器。

conf:SparkConf 对象,用于设置 Spark 集群的相关属性。

gateway:选择使用现有网关的 JVM 或初始化新 JVM。

jsc:Java 的 Spark Context 实例。

profiler_cls：可用于进行性能分析的自定义 Profiler（默认为 PySpark、Profiler、BasicProfiler）。

除了使用代码参数值直接进行 Spark Context 的构建，还可以使用 conf 参数传入一个 Spark Conf 实例进行 Spark Context 构建，如代码 1 - 2 所示。

代码 1 - 2

```
from pyspark import SparkContext
from pyspark import SparkConf


conf = SparkConf()
conf. set('master', 'local')
sparkContext = SparkContext(conf = conf)
rdd = sparkContext. parallelize(range(100))
print(rdd. collect())
sparkContext. stop()
```

2. RDD

在实际应用场景中，有许多使用机器学习、图算法等的迭代式算法和交互式数据挖掘应用，这些应用的共同点是中间结果会在不同计算环节之间被重用，即一个环节的输出结果将会被输入下一个环节中。然而，Hadoop 的 Map Reduce 模型几乎将中间结果都存储到 HDFS 中，导致大量的数据复制、序列化和磁盘 I/O 处理。而类似于 Pregel[①] 的许多图计算模型则是将结果存储在内存中，但这些框架只能在某种规定的计算模式下使用，不提供通用的数据抽象。因此，Spark 为满足上述需求而开发了抽象弹性分布式数据集（resilient distributed datasets，RDD）。RDD 提供了一个抽象的数据架构，不必为底层数据的分布式特性而担心，只需将特定的应用逻辑表示为一系列转换处理，不同 RDD 内的转换操作构成了依赖关系，能够实现流水线，避开在磁盘存储中间结果，大大减少了数据复制、序列化和磁盘 I/O 开销。

Spark 的核心通过 RDD 对各个组件进行无缝的集成，能够在同一个应用程序中完成大数据处理。RDD 是一个容错的、可以被并行操作的元素集合，可以分布在集群的节点上，以函数式操作集合的方式进行各种并行操作。Spark 开发库提供了一个通用的抽象对象来进行开发，为 RDD 提供了一些接口来实现编程。表 1 - 1 是 RDD 的接口描述。

---

① Pregel 是 Google 自 2009 年开始对外公开的图计算算法和系统，主要用于解决无法在单机环境下计算的大规模图论计算问题。

表 1-1　Spark RDD 接口

序号	操作	含义
1	partition( )	分区，一个 RDD 会有一个或者多个分区
2	preferredLocations(P)	对于分区 P 而言，返回数据本地化计算的节点
3	dependencies( )	RDD 的依赖关系
4	compute(P, context)	对于分区 P 而言，进行迭代计算
5	partitioner( )	RDD 的分区函数

（1）partition( )。

分区是逻辑上的一个概念，意指把 RDD 划分成多个分区以分布到集群上的节点中，RDD 并行计算的细粒度与分区的多少相关联。改变前后的新旧分区在物理层面上可能位于同一块内存中或者存储。RDD 的操作中，用户可利用 partitions 方法得到 RDD 划分的分区数。分区数会有默认值，默认值与该程序分配的 CPU 核数一致。若在 HDFS 文件系统中构建 RDD，那么分区数就是默认文件的数据块的个数，用户也可以自己设置分区数。

（2）preferredLocations(P)。

Spark 中的调度与 RDD 优先位置属性相关，RDD 优先位置属性将此 RDD 的每个 partition 所存储的位置返回。在 Spark 进行任务调度的时候，会尽可能地把任务分配到数据块所存储的位置，减少数据的网络传输。因此，RDD 产生的时候均会有一个首选位置。比如，HDFS 块所在的节点就是 RDD 分区的首选位置；当缓存 RDD 分区之际，计算将会被输送至数据所缓存所在的节点上，再不然，就会返送回 RDD 的"血统"位置，通过寻找具有首选位置属性的父 RDD 来确定子 RDD 所在的位置。

（3）dependencies( )。

依据单词表面含义，dependencies 表示依赖的意思。RDD 的操作数据集是粗粒度，在 RDD 中，一个转换操作均将诞生一个新的 RDD。在 Spark 中有两种依赖类型，窄依赖（narrow dependencies）和宽依赖（wide dependencies）（图 1-1）。窄依赖中每个父 RDD 的分区最多只能由子 RDD 的一个分区所用；宽依赖则表示多个子 RDD 的分区会依赖于同一个父 RDD 的分区。

一个 RDD 由一个矩形表示，在矩形中的椭圆形表示 RDD 的一个分区，例如，map 和 filter 操作就会形成一个窄依赖，在两个没有经过 co-partitioned 操作的 RDD 数据集之间进行 join 操作将构建成宽依赖。以下两个方面表明为什么须在 Spark 中明确划分两种依赖关系：一是窄依赖可如流水线一样在集群的一个节点上操作，能够计算所有父 RDD 的分区，相反，宽依赖须获得父 RDD 所有分区上的数据进行计算，执行类似于 Map Reduce 一样的 Shuffle 操作。二是对窄依赖而言，节点计算失败后的恢复有效性会更高，只需对对应的父 RDD 分区重新计算，还能并行地在其他的节点上计算，不同的是，若继承关系存在于宽依赖中，只要一个节点计算失败，将会重新计算其父 RDD 的多个分区，这个代价通常非常高。

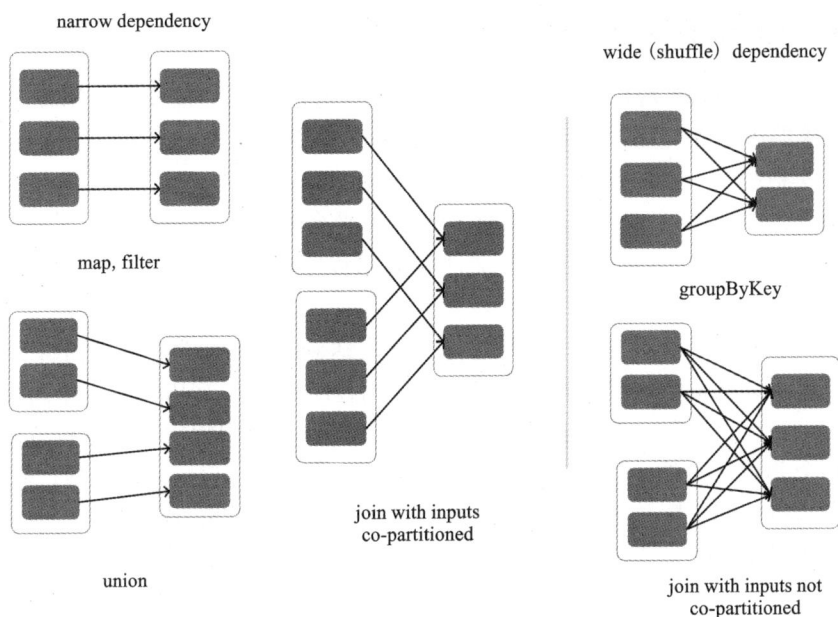

图 1 – 1　窄依赖（narrow dependency）与宽依赖（wide dependency）

（4）compute（P，context）。

Spark 中，partition 是 RDD 的计算单位，而 RDD 中的 compute 函数都是在对迭代器进行复合，无须保留每次的计算结果。由于 compute 函数只返回相应分区数据的迭代器，两个分区的最终计算结果只有在最终实例化的时候才能显示出来。

（5）partitioner（）分区函数。

在 Spark 中对分区的划分很重要，其会决定 Shuffle 类操作的父子 RDD 之间的依赖关系。Spark 中存在着两种默认的分区函数：一种是哈希分区（hash patitioner），一种是区域分区（range patitioner）。

本节简单地介绍 RDD 的五个编程接口，对 RDD 的详细介绍将在后面章节给出。

1.4.5　Spark 的文件数据读写

Spark 本身基于 Hadoop 生态系统构建，可以通过 Hadoop Map Reduce 框架的 Input Format 和 Output Format 接口访问数据，大部分的文件格式与存储系统如 S3、HDFS、Cassandra、HBase 等都支持这种接口。因此，Spark 支持多种数据输入源与输出源，可以直接从 S3、HDFS、Hbase 等读取数据或者保存数据，也可以读取不同格式的数据。其主要可以从两个维度来区分：文件格式以及文件系统。文件格式包括 JSON 文件、文本文件、CSV 文件、Sequence 文件以及 Object 文件；文件系统有 HDFS、本地文件系统、HBase 以及数据库。

1.4.6 Spark 程序提交类型

想要运行一个 Spark 应用，需要将所编写的程序通过"提交"操作将应用程序送入到集群中，即在集群中启动应用程序才能开始运行 Spark 应用。在 Spark 中，利用 spark - submit 脚本文件向集群提交 Spark 应用，该脚本在 Spark 的 bin 目录下，且该脚本为所有 Spark 所支持的集群管理器提供了统一的接口而不需要因平台的迁移改变配置。若运用 spark - submit，通过 jars 选项包含的任意 JAR 文件和应用程序的 JAR 文件均会被自动提交到集群中。

如果代码程序依赖于其他项目，要想把代码发送到 Spark 集群内，则需绑定应用程序的依赖，顾名思义就是将这些依赖一起打包到应用程序中。对于 Python 程序而言，可使用 spark - submit 的 - py - files 参数添加.py/.zip/.egg 文件和应用程序一起进行分发；若此程序依附于多个 Python 文件，可将其封装成.egg 或.zip 文件。打包应用程序后，利用 spark - submit 脚本运行应用程序，此脚本可以设置应用程序依赖包和 Spark 类路径(classpath)，还可构建不同的 Spark 所支持的部署模式和集群管理。spark - submit 提交应用的大致格式如代码 1 - 3 所示。

代码 1 - 3

```
./bin/spark - submit
 - - class < main - class >
 - - master < master - url >
 - - deploy - mode < deploy - mode >
 - - conf < key > = < value >
... #其他选项
< application - jar >
[ application - arguments ]
```

其中，各参数的含义如下。

class：表示应用程序的入口点(例如，org.apache.spark.examples.SparkPi)；

master：集群的 master URL(例如，spark：//localhost：1027)；

deploy - mode：将 Driver 部署到 Worker 节点(Cluster 模式)或者作为外部客户端部署到本地(client 模式)，默认情况下是 client 模式；

conf：用 key = value 格式强制指定 Spark 配置属性，需要使用引号括起来；

application - jar：包含应用程序和所有依赖的 jar 包的路径，路径必须是在集群中是全局可见的(例如，"hdfs：//路径"或者"file：//路径")；

application - arguments：传递给主类中 main 函数的参数。

其中，传递给 Spark 的 master URL 可以是表 1 - 2 中的任意格式之一。

表 1 - 2　master URL 的格式

master URL	含义
Local	使用 1 个 Worker 线程本地运行 Spark(即完全没有并行化)
Local[K]	使用 K 个 Worker 线程本地运行 Spark(最好将 K 设置为机器的 CPU 核数)
Local[*]	根据机器的 CPU 逻辑核数,尽可能多地使用 Worker 线程
spark：//HOST：PORT	连接到给定的 Spark Standalone 集群的 Master,此端口必须是 Master 配置的端口,默认为 7077
mesos：//HOST：PORT	连接到给定的 Mesos 集群的 Master,此端口必须是 Master 配置的端口,默认为 5050。若 Mesos 集群使用 ZooKeeper,则 master URL 使用 mesos：//zk：//……
Yarn - client	以 client 模式连接到 Yarn 集群,利用 HADOOP_CONF_DIR 环境变量获取集群位置
Yarn - cluster	以 cluster 模式连接到 Yarn 集群,利用 HADOOP_CONF_DIR 环境变量获取集群位置

Spark 加载相关的配置时,可通过对应用代码、配置文件或者 spark - submit 参数进行配置来加载。默认情况下,Spark 读取 conf/spark - defaults. conf 配置。如果利用代码设置 spark. master 参数, - - master 参数就会被忽视。一般而言,可以采用 SparkConf 配置的属性优先级别最高,其次为 spark - submit 的属性,最后是配置文件。代码优先级 > spark - submit 参数 > 配置文件。

Spark 中支持 Local(本地)、Standalone(使用 Spark 原生的资源调度器)、Hadoop Yarn (生产模式中常用,使用 Hadoop 的 Yarn 作为资源调度器)和 Apache Mesos(使用 Mesos 作为资源调度器)四种集群平台提交,其中每种集群又可细分为两种提交模式。本节主要介绍前三种模式。

1. Local 模式

Local 模式又称为本地模式,该模式运行操作简单,只需把 Spark 的安装包解压后,修改常用配置即可。运行时不用启动 Spark 的 Master、Worker 守护进程(只有采用集群的 Standalone 方式时,才需要启动),也不用启动 Hadoop 的各服务(除非要用到 HDFS),这是 Local 模式与其他模式的区别。Local 模式包括 Local[N]模式和 Local - cluster 模式,都是在单机上运行,一般用于开发测试。

Local[N]模式下,采用单机的多个线程来模拟 Spark 的分布式计算,通常用于验证程序的逻辑是否有问题。该模式中的 N 表示使用线程的个数,每个线程有一个 core。若不指定 N ,则 $N=1$;若 $N= *$,则 N 等于机器上拥有的逻辑核的数量。该模式整体运行过程大致如下。

步骤 1：SparkSubmit 充当 Client 角色,提交 Spark 应用;

步骤 2：SparkSubmit 运行 Driver 程序，启动 Spark Context；

步骤 3：SparkSubmit 创建一个 Eexcutor，创建线程池，大小为 N；

步骤 4：Driver 创建 Tasks，并分配到 Executor 中执行。

Local[N] 与 Local – cluster 模式的不同之处在于，Local – cluster 模式使用单机下的多个进程来最大限度地模拟集群的分布式场景，主要用来判断检测程序的逻辑是否存在问题。该模式运行过程大致如下。

步骤 1：SparkSubmit 充当 Client 角色，提交 Spark 应用；

步骤 2：SparkSubmit 运行 Driver 程序，启动 Spark Context，获取 Executor 的信息；

步骤 3：本地启动 Coarse Grained Executor Backend 进程，向 Driver 进程进行 Executor 的注册，注册成功后在 Coarse Grained Executor Backend 中创建 Executor 对象；

步骤 4：Driver 创建 Tasks，并发送给 Coarse Grained Executor Backend，ExecutorBackend 通过调用 Launch Task 将任务交给 Executors 执行。

2. Standalone 模式

Standalone 模式是指使用 Spark 原生的资源管理器的集群运行模式，Spark 运行在集群中。在 Standalone 模式下，需要使用 Master 和 Worker 节点。其中，Master 节点负责资源的调度，即为 Cluster Manager，负责控制、管理、监控集群中的 Worker 节点，即 Spark 自己监控资源管理和任务监控。与单机模式不同的是，Standalone 模式必须在执行应用程序之前先启动 Spark 的 Master 和 Worker 守护进程。Standalone 模式分为 Client 模式和 Cluster 模式，区别在于，Client 模式下，Client 提交应用后，Driver 程序在 Client 上运行；Cluster 模式下，Client 提交应用后，Client 通知 Master，Master 随机选择一个满足 Driver 资源需求的 Worker，并在该 Worker 节点上运行 Driver。Client 模式在测试环节较适宜，不能在生产环境中运行。因为 Task 执行结果数据可能会被 Driver 回收，假定要把多个 Application 提交到集群中运行，每次 Driver 都会在 Client 端启动，这将导致多个 Application 的结果数据被客户端所在节点的 Driver 收集，从而多个 Driver 程序在 Client 节点上运行，负载量较大。

图 1 – 2 为 Client 模式下执行原理图，执行流程如下：

步骤 1：Client 模式提交任务后，客户端启动 Driver 进程；

步骤 2：Driver 向 Master 申请启动 Application 启动的资源；

步骤 3：资源申请成功，Driver 端将 Task 发送到 Worker 端执行；

步骤 4：Worker 将 Task 执行结果返回到 Driver 端。

Standalone – Cluster 模式的运行方式如图 1 – 3 所示。

执行流程如下。

步骤 1：Client 提交 Application，Client 通知 Master，Master 随机选择一个满足 Driver 资源需求的 Worker，在上面生成一个子进程 DriverWrapper 来启动 Driver 程序；

步骤 2：Driver 启动 Spark Context，与 Master 通信，通知该 Application 需要在哪些 Worker 节点上启动 Executor；

步骤 3：Master 与对应的 Worker 通信发送启动 Executor 的消息；

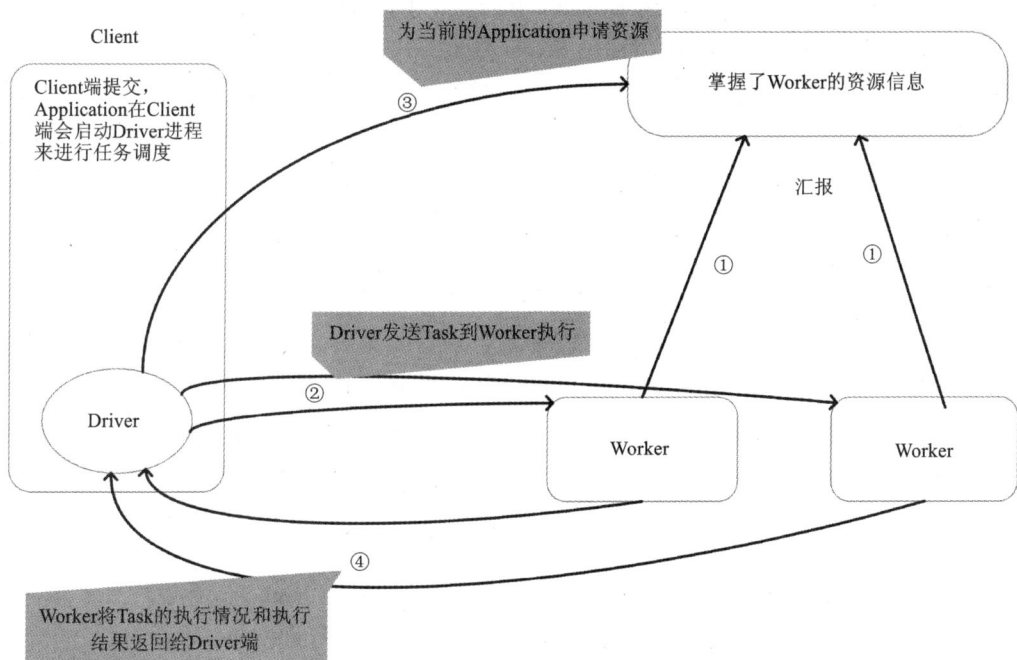

图 1 - 2　Standalone - Client 模式执行图

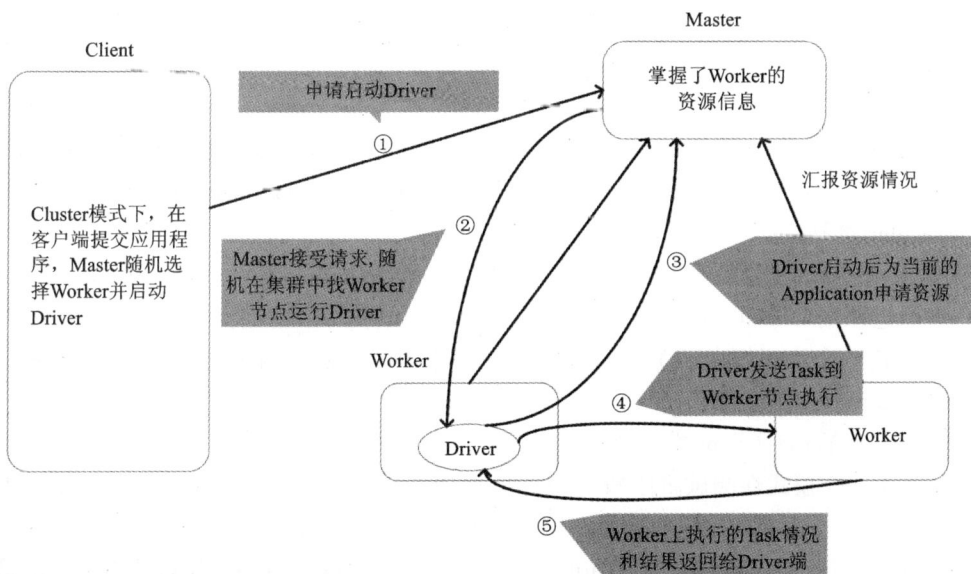

图 1 - 3　Standalone - Cluster 模式执行图

步骤 4：本地启动 Coarse Grained Executor Backend 进程，向 Driver 进程进行 Executor 的注册，注册成功后在 Coarse Grained Executor Backend 中创建 Executor 对象；

步骤 5：Driver 创建 Tasks，并发送给 Coarse Grained Executor Backend，Executor Backend 通过调用 Launch Task 将任务交给 Executors 中执行。

该模式下，Driver 进程的启动由集群中的某一台 Worker 执行，Task 的执行情况无法在客户端查看。若将多个 Application 提交到集群中运行，每次 Driver 会在集群中随机选择某一台 Worker 启动，则多次网卡流量暴增的问题将在集群上显现。

3. Yarn 模式

Yarn 模式是采用 Hadoop 的 Yarn 作为资源管理器的集群运行模式。Yarn 模式采用存在于 Yarn 下的 RM 与 NM 节点，相当于 Standalone 模式下的 Master 节点和 Worker 节点。Yarn 模式也有 Client 和 Cluster 两种模式之分，区别在于，Client 模式下，提交应用后，在 Client 上运行 Driver 程序；Cluster 模式下，应用提交后，Client 通知 Resource Manager，Resource Manager 在集群中的某个 Node Manager 上运行 Application Master，同时执行 Driver 程序。Yarn – Client 模式的运行过程如下。

步骤 1：Client 模式下，Client 提交应用后，Driver 程序在 Client 上运行；

步骤 2：Driver 程序向 Resource Manager 发送请求，启动 Application Master；

步骤 3：Resource Manager 的 ASM 为该应用程序分配第一个 Container，并与对应的 Node Manager 通信，在 Container 上启动 Application Master；

步骤 4：Application Master 首先向 Resource Manager 注册，这样用户可以直接通过 Resource Manager 查看应用程序的运行状态；

步骤 5：Application Master 采用轮询的方式通过 RPC 协议向 Resource Manager 申请资源；

步骤 6：Application Master 申请到资源后与相对应的 Node Manager 通信，要求其启动任务；

步骤 7：Node Manager 获得 Container 资源后，启动 Coarse Grained Executor Backend 进程，向 Driver 进程进行 Executor 的注册，注册成功后在 Coarse Grained Executor Backend 中创建 Executor 对象；

步骤 8：Driver 创建 Tasks，并将 Tasks 发送给 Coarse Grained Executor Backend，Executor Backend 通过调用 Launch Task 将任务交给 Executors 执行。

其中，前两个步骤相当于 Yarn 中的"用户提交应用"，最后两步与 Standalone 相同，其余步骤是 Yarn 的工作流程。

图 1 – 4 为 Yarn – Client 模式执行图。

Yarn – Client 模式在测试阶段较适用，因为 Driver 运行在本地，Driver 会与 Yarn 集群中的 Executor 进行大量的通信，造成客户机网卡流量的大量增加。

与 Yarn – Client 模式不同，在 Yarn – Cluster 模式下，Driver 不在 Client 上执行，而是在 AM 节点上执行，即 AM 除了资源申请、Node Manager 启动任务请求外，还具有任务调度功能。图 1 – 5 为 Yarn – Cluster 模式执行图。

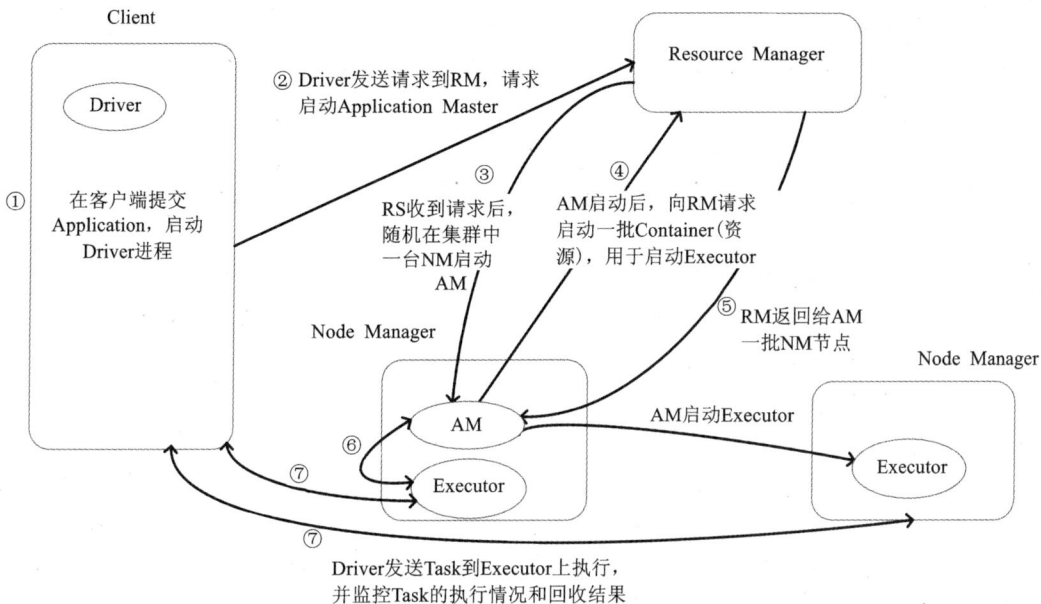

图 1 - 4　Yarn - Client 模式执行图

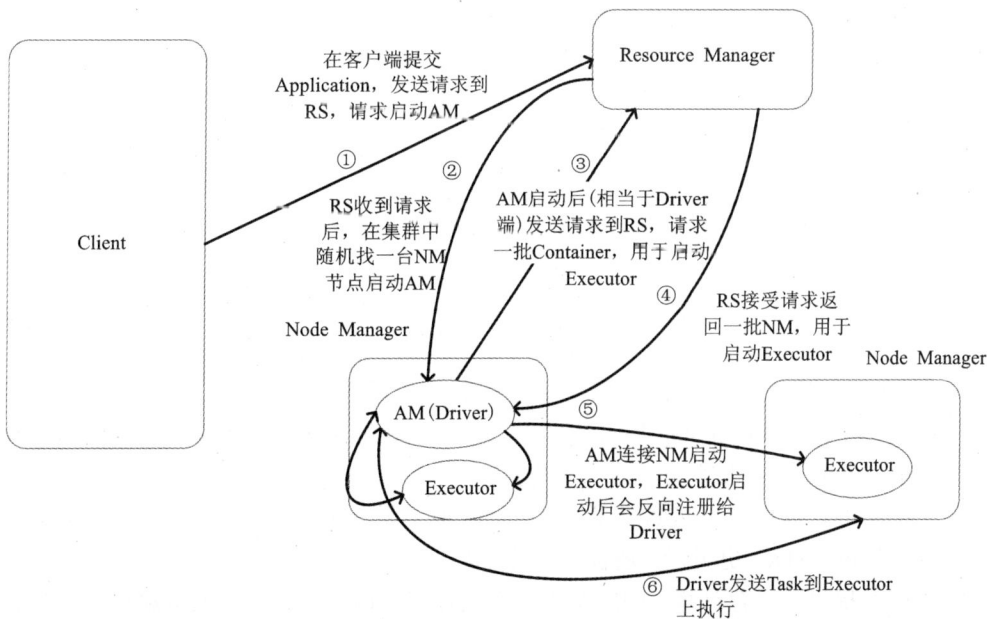

图 1 - 5　Yarn - Cluster 模式执行图

Yarn - Cluster 执行流程如下。

步骤 1：Client 提交应用后，向 Resource Manager 请求启动 Application Master；

步骤 2：Resource Manager 的 ASM 为该应用程序分配第一个 Container，并与对应的 Node Manager 通信，在 Container 上启动 Application Master，同时执行 Driver 程序；

步骤 3：Application Master 首先向 Resource Manager 注册，这样用户可以直接通过 Resource Manager 查看应用程序的运行状态；

步骤 4：Application Master 采用轮询的方式通过 RPC 协议向 Resource Manager 申请资源；

步骤 5：Application Master 申请到资源后与对应的 Node Manager 通信，要求其启动任务；

步骤 6：Node Manager 获得 Container 资源后，启动 Coarse Grained Executor Backend 进程，向 AM 节点的 Driver 进程进行 Executor 的注册，注册成功后在 Coarse Grained Executor Backend 中创建 Executor 对象；

步骤 7：Driver 创建 Tasks，并发送给 Coarse Grained Executor Backend，Executor Backend 通过调用 Launch Task 将任务交给 Executors 执行。

Yarn - Cluster 主要在生产环境中使用，因为 Driver 在 Yarn 集群的某一台 Node Manager 中运行，每次都随机选择提交任务的 Driver 所在的机器，不会发生某一台机器网卡流量激增的情况。缺点是任务提交后不能看到日志，只能通过 Yarn 查看日志。

1.4.7　Spark 与 Hadoop

虽然 Hadoop 已成为大数据技术的事实标准，但本身依旧存在诸多缺点，其中，最主要的缺点是 Map Reduce 计算框架延迟较高，无法满足实时、快速计算运用场景的需求，所以其仅适用于离线批处理的应用场景。基于 Hadoop 的工作流程可以发现其存在如下缺点。

（1）表达能力有限：必须将计算都转化成 Map 和 Reduce 两个操作，而且该操作适用范围有限，对复杂的数据处理过程描述较为困难；

（2）磁盘 I/O 开销大：每执行一次都要从磁盘中读取数据，计算完成后须将中间结果写入磁盘中；

（3）延迟高：执行一次计算，可能需要将其拆解为一系列按顺序执行的 Map Reduce 任务，任务之间的衔接因为涉及 I/O 开销使得延迟升高。而且，在上一个任务执行完成之前，其他任务不能启动，无法胜任复杂、多阶段的计算任务。

Spark 不仅保留 Hadoop Map Reduce 的优点，还轻松解决了 Map Reduce 所面临的问题。相比于 Map Reduce，Spark 主要具有以下优点：

（1）Spark 的计算模式虽然属于 Map Reduce，但不限制于 Map 和 Reduce 操作，Spark 的编程模型比 Map Reduce 更灵活，还提供了许多数据集操作类型；

（2）Spark 提供了内存计算，中间结果可直接存储于内存中，更大限度地提高了迭代运算效率；

（3）Spark 所采用的 DAG 的任务调度执行模式比 Map Reduce 的迭代执行模式更优越。

将中间结果、计算数据都存储在内存中是 Spark 的最大特点，有效降低了磁盘 I/O 开销。因而，在迭代运算较多的机器学习运算与数据挖掘中，Spark 的适用性更强。利用 Hadoop 进行迭代操作时，由于每次迭代都需要将中间数据从磁盘中写入和读取出来，磁盘 I/O 开销较大，在计算过程中需要耗费大量资源。对 Spark 而言，Spark 将数据写进内存后，可以直接使用内存的中间结果来运算之后的迭代计算，克服了频繁读取磁盘数据的情况。

在实际开发过程中，若利用 Hadoop 编写程序，需要编写不少相对底层的代码，效率较低。而 Spark 框架拥有多种简洁、高层次的 API，一般情况下，实现相同功能的应用程序，Spark 的代码数量比 Hadoop 要少 2～5 倍。更值得一提的是，在 Spark 中可以进行实时交互式编程，使得用户简便地调整、验证算法。

虽然与 Hadoop 相比 Spark 的优势更大，但 Spark 无法完全替换 Hadoop，其主要用来取代 Hadoop 中的 Map Reduce 计算模型。实际上，Spark 已经较好地融进 Hadoop 生态，并发展为其中的重要成员。它可以利用 Yarn 来对资源进行调度管理，借助于 HDFS 完成分布式存储。同时，Hadoop 可以采用异构的、便宜的机器来执行分布式存储计算，而 Spark 对 CPU 和内存的要求较高。

1.4.8　Spark 生态系统

在现实应用场景下，大数据处理主要有以下几个种类：基于实时数据流的数据处理（时间跨度通常在数百毫秒到数秒之间）、基于历史数据的交互式查询（时间跨度通常在数十秒到数分钟之间）、复杂的批量数据处理（时间跨度通常在数十分钟到数小时之间）。目前，以上三种类型可在许多较成熟的开源软件下执行处理。例如，Impala 可以用来执行交互式查询，可以用 Hadoop Map Reduce 来进行批量数据的处理，可采用开源流计算框架 Storm 对流式数据进行处理。一些企业可能只会应用到其中一部分场景，部署相应软件就能满足该公司的业务需求。然而，对于互联网公司来说，以上三种场景通常同时存在，此时就需要同时搭建三种不同的软件，因此产生一些问题。例如，通常需要对数据格式进行转换，因为不同场景彼此间的输入输出数据无法无缝衔接共享；使用成本提高，不同的软件需配置不同的开发和维护团队；对同一个集群中的各个系统进行统一的资源协调和分配等操作较为困难。

Spark 依照"一个软件栈满足不同应用场景"的设计理念，逐渐衍生出一套完备的生态圈，在提供内存计算框架的基础上，还可以支持 SQL 即时查询、机器学习、实时流式计算以及图计算等。可以将 Spark 部署在 Yarn 资源管理器上，以支撑一站式的大数据解决方案。因此，Spark 所拥有的生态圈足以胜任以上三种应用场景，能同时提供流数据处理、批数据处理和交互式查询。

现阶段，Spark 生态系统已经是伯克利数据分析软件栈（Berkeley Data Analytics Stack，BDAS）的关键组成部分。BDAS 的架构如图 1-6 所示，图中可以看到，Spark 以数据的处理分析为主要关注对象，但仍需依靠于 Hadoop 分布式文件系统 HDFS 等来实现数据的存储。Spark 生态系统可以很好地融入 Hadoop 生态系统中，兼容性较强，可以较轻松的将现有 Hadoop 应用程序迁移到 Spark 系统中。

Spark 的生态系统主要包含了 Spark Core、Spark SQL、Spark Streaming、MLlib 和 GraphX

访问和接口	Spark Streaming	BlinkDB	GraphX	MLBase
		Spark SQL		MLlib
处理引擎	Spark Core			
存储		Tachyon		
		HDFS；S3		
资源管理调度	Mesos		Hadoop Yarn	

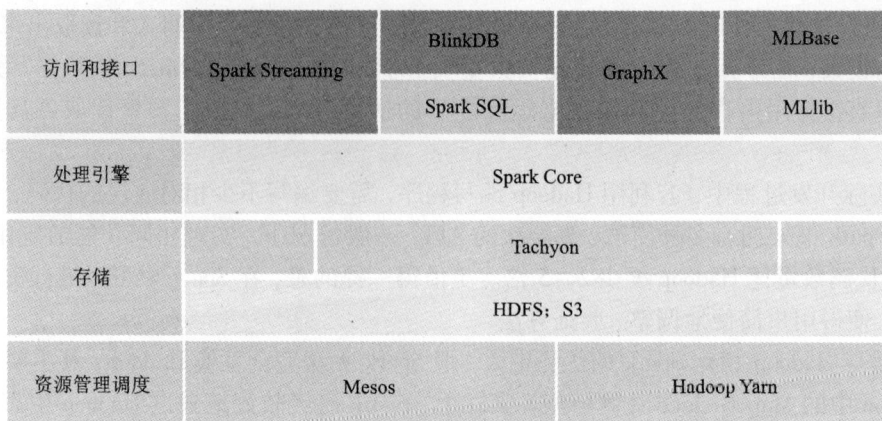

图 1-6　BDAS 架构图

等组件，各个组件的具体功能如下。

（1）Spark Core。

Spark Core 是整个 BDAS 生态系统的核心组件，是一个分布式大数据处理框架。Spark Core 包含了如内存计算、故障恢复、任务调度、存储管理、部署模式等 Spark 基本功能，为保证数据的高容错性还引进了 RDD 的抽象，让其能保持基本一致的形式执行大数据处理的不同场景。

（2）Spark SQL。

在 Spark SQL 中，开发人员可以通过 SQL 直接执行 RDD，同时也可查询诸如 HBase、Hive 等外部数据源，可以让开发人员较容易地使用 SQL 命令进行查询，对更复杂的数据进行分析。

（3）Spark Streaming。

Spark Streaming 是一个对实时数据流进行套吞吐、高容错的流式处理框架，可以对多种数据源（如 Kafka、Flume、Twitter 和 ZeroMQ 等）进行类似 Map、Reduce 和 Join 等复杂操作，并将结果保存到外部文件系统、数据库或应用到实时仪表盘。将流式计算分解成一系列短小的批处理作业是 Spark Streaming 的核心理念。Spark Streaming 最大的优势是提供的处理引擎和 RDD 编程模型可以同时进行批处理与流处理。

（4）MLlib（机器学习）。

MLlib 提供了包括回归、分类、聚类、协同过滤等常用机器学习算法的实现，降低了机器学习的门槛，只要掌握一定的理论基础知识，开发人员就可以进行机器学习的工作。

（5）GraphX（图计算）。

GraphX 是 Spark 中用于图计算的 API，可以认为是 Pregel 在 Spark 上的优化及重写。GraphX 性能优越，运算符和功能较为丰富，可以在海量数据上执行复杂的图算法。

1.5　本章小结

作为开篇第一章，本章节的作用主要是引入主题，对大数据、Hadoop、Spark 等做介绍为后面章节做铺垫。介绍 Spark 时，围绕 Spark 的产生背景、特征以及一些操作类型来展开描述，多角度了解 Spark。

课后习题

1. 简述大数据的含义以及特征。
2. 指出集中式计算与分布式计算的区别。
3. 指出 Hadoop 平台的优缺点。
4. 指出 HDFS、Yarn、Map Reduce、Spark 在 Hadoop 平台中的核心功能。
5. 比较 Map Reduce 和 Spark，并简述其主要区别。
6. 简述 Spark 相关概念。

第 2 章

Python 基础编程

Python 是 Spark 编程接口重要的计算机语言，它是一种面向对象、具有解释性、编译性以及互动性的高级程序设计语言。优雅、明确、简单是 Python 的定位，它摒弃了 C 语言中复杂的指针，简化了语法。用 Python 编写程序时，无须考虑底层细节，可直接调用丰富的第三方库，所以 Python 程序较简单易学。由于 Python 是开源的，故可以移植到许多平台上，移植性较高。Python 还有较强的可扩展性和可嵌入性，可以把部分程序用 C 或 C++编写，然后在 Python 程序中使用它们。此外，也可以将 Python 程序嵌入 C 和 C++中，以此为程序用户提供脚本功能。

2.1 Python 基础

2.1.1 安装与使用

Python 能够工作在多个操作系统平台，可以通过访问它的官方网站下载 Python 源代码、二进制安装包或文档。Python 安装具有更高的灵活性，提供了更多的选择。对于 Windows 操作系统，可以在 Python 官网下载安装包进行安装。对于大部分 Linux/Unix 操作系统与 mac OS X 操作系统，内置了相应版本的 Python，无需进行安装，如需升级或安装也可以访问 Python 官网。同时，Python 还提供源代码与文档，供用户自行编译。

对于已安装 Python 的操作系统，可以通过命令行来执行 Python 源代码。首先通过文本编辑器或代码编辑器，新建一个"hello. py"的文本文件并保存，在该文件中编辑如下代码(代码 2 - 1)。

代码 2 - 1

```
print( "Hello World" )
```

在终端(或 Windows 操作系统命令行程序)切换到该文件所在目录，执行"python hello. py"命令，观察到终端打印出"Hello World"，则表示程序执行成功。

注意，在 Python 中，每一行计算机程序语句的结尾不需要编写";"标明语句结束，这是 Python 的语言特征之一。

2.1.2　变量与数据类型

变量是大部分计算机程序语言都有的概念，表示存储在计算机内存中的值，在 Python 语言中，变量的使用与其他计算机语言大致相同。有所区别的地方在于：①变量不需要声明类型；②每个变量在使用前都必须赋值，变量赋值以后该变量才会被创建；③由于变量不需要声明类型，因此变量可以被赋值不同的类型。变量的赋值如代码 2 - 2 所示，注意代码中"#"之后的文本为注释。

代码 2 - 2

```
counter = 100 # 赋值整型变量
miles = 1000.0 # 浮点型
s = "Hello World" # 字符串
print( counter )
#输出 100
print( miles )
#输出 1000.0
print( s )
#输出 Hello World
```

Python 的变量在程序中通过一个变量名表示，Python 语言的变量命名规则如下。

(1)变量名必须是大小写英文字母或数字或下划线的组合。

(2)不能用数字开头。

(3)对大小写敏感。

Python 变量支持的基础数据类型包括以下类型：

(1)数字，包括：整数、浮点数与复数。

(2)字符串。

(3)布尔值。一个布尔值只有 True、False 两种值，布尔值可以用 and、or 和 not 运算。

(4)空值，特殊的值，用"None"表示为空值。

2.1.3　算术运算符

算术运算符表示对两个变量进行算术运算，假设以下变量 a = 10，b = 20(表 2 - 1)。

23

表 2 - 1　算法运算符

运算符	描述	实例
+	加，两个对象相加	a + b 输出结果 30
-	减，得到负数或是一个数减去另一个数	a - b 输出结果 - 10
*	乘，两个数相乘或是返回一个被重复若干次的字符串	a * b 输出结果 200
/	除，x 除以 y	b/a 输出结果 2
%	取模，返回除法的余数	b% a 输出结果 0
**	幂，返回 x 的 y 次幂	a ** b 为 10 的 20 次方，输出结果 100000000000000000000
//	取整除，返回商的整数部分(向下取整)	9//2 输出结果为 4

2.1.4　比较运算符

比较运算符表示对两个变量进行比较，并返回相应的布尔值，假设以下变量 a = 10，b = 20(表 2 - 2)。

表 2 - 2　比较运算符

运算符	描述	实例
==	等于，比较对象是否相等	(a == b) 返回 False
! =	不等于，比较两个对象是否不相等	(a! = b) 返回 True
>	大于，返回 x 是否大于 y	(a > b) 返回 False
<	小于，返回 x 是否小于 y。所有比较运算符返回 1 表示真，返回 0 表示假；与特殊的变量 True 和 False 等价	(a < b) 返回 True
>=	大于等于，返回 x 是否大于等于 y	(a >= b) 返回 False
<=	小于等于，返回 x 是否小于等于 y	(a <= b) 返回 True

2.2　Python 中的数据结构

数据结构是构建程序的基础。在组织形式上，每个数据结构都有自身的特点，以便在不同环境下高效访问数据。Python 语言倾向于使用简单且人性化的命名方案，其在标准数据库中提供了大量的数据结构。以下将介绍 Python 及其标准库内置的数据结构和抽象数据类型的实现。

1. 字典(dict)

在 Python 中，字典是核心数据结构，也可以称为散列表、查找表、映射或者关联数组，能够高效查找、插入、删除任何与给定键关联的对象。字典可以存储任意数量的对象。字典的格式形如：dict = {key：value}；其中 key 表示键（关键字），value 为键对应的值，同一字典内，键必须互不相同。字典的索引是关键字，任意不可变类型都可以是关键字，通常用字符串或数值表示。在 Python 中，用大括号{}构建字典，如代码 2 - 3 所示。

代码 2 - 3

```
dict = {'A': '11', 'B': '12', 'C': '13'}
```

2. 列表(list)

列表是 Python 语言核心的一部分，在 Python 中，列表实际是动态数组的实现，能够添加或者删除元素，还能分配或释放内存来自动调整存储空间。以下是列表主要对象方法。

(1) list. append(x)：把一个元素添加到列表的结尾；

(2) list. extend(list)：把所给列表中的所有元素都添加到另一个列表中；

(3) list. insert(i, x)：在指定位置插入一个元素，第一个元数是准备插入到其前面的那个元素的索引；

(4) list. remove(x)：删除列表中值为 x 的第一个元素，如果没有这样的元素，就会返回一个错误；

(5) list. pop([i])：从列表的指定位置删除元素，并将其返回，如果没有指定索引，a. pop() 返回最后一个元素，元素随即从列表中被删除；

(6) list. index(x)：返回表中第一个值为 x 的元素的索引，如果没有匹配的元素就会返回一个错误；

(7) list. count(x)：返回 x 在列表中出现的次数；

(8) list. sort()：对列表中的元素就地进行排序；

(9) list. reverse()：就地倒排列表中的元素。

3. 堆栈(stack)

堆栈是一种特定的数据结构，最先输入的元素最后一个被输出(后进先出)。用列表的方法可以容易地将其视作堆栈来使用。用 append() 方法可以把一个元素添加到堆栈顶，用 pop() 不指定索引的方法可以堆栈顶释放出一个元素，如代码 2 - 4 所示。

代码 2 - 4

```
stack = [3, 4, 5]
stack. append(6)
stack. append(7)
# stack = [3, 4, 5, 6, 7]
stack. pop()
# stack = [3, 4, 5, 6]
```

4. 队列(queue)

队列作为特定的数据结构,最先输出的元素就是最先进入的(先进先出)。队列提供快速插入和删除操作,是含有一组对象的容器。插入和删除操作还可以称作入队(enqueue)和出队(dequeue)。队列不同于数组或列表,随机访问所包含的对象,在队列里是不被允许的。使用 collection. deque 即可实现队列,设计 collection. deque 的主要目标是能在首尾两端迅速插入和删除。如代码 2 - 5 所示。

代码 2 - 5

```
from collection import deque
queue = deque(['a', 'b', 'c'])
```

5. 元组(tuple)

Python 元组作为一种简单的数据结构,是不可变的,创建后无法修改,可利用它实现任意对象的分组。创建元组较简单,只需在括号内添加元素并使用逗号作为分隔符即可,如代码 2 - 6 所示。

代码 2 - 6

```
tup1 = ('physics', 'chemistry', 1997, 2000)
tup2 = (1, 2, 3, 4, 5, 6, 7)
```

与字符串相同,元组的下标索引以 0 为起始值,支持截取、组合等操作,如代码 2 - 7 所示。

代码 2 - 7

```
tup1 = ('physics', 'chemistry', 1997, 2000)
tup2 = (1, 2, 3, 4, 5, 6, 7)
print("tup1[0]: ", tup1[0])
print("tup2[1: 5]: ", tup2[1: 5])
#输出结果为
#tup1[0]: physics
#tup2[1: 5]: (2, 3, 4, 5)
#print("tup1[0]: ", tup1[0])
#print("tup2[1: 5]: ", tup2[1: 5])
```

可以通过 + 号和 ∗ 号对元组进行运算，产生一个新元组。这些运算表明元组之间可以进行组合、复制。表 2 - 3 为 Python 元组计算。

表 2 - 3　Python 元组计算

Python 表达式	结果	描述
$(1, 2, 3) + (4, 5, 6)$	$(1, 2, 3, 4, 5, 6)$	连接
$('Hi!\ ') \ast 4$	$('Hi!\ ', 'Hi!\ ', 'Hi!\ ', 'Hi!\ ')$	复制
$3 \ in\ (1, 2, 3)$	True	元素是否存在
for x in $(1, 2, 3)$: print(x)	1, 2, 3	迭代

Python 元组包含了表 2 - 4 中所示内置函数。

表 2 - 4　Python 元组的内置函数

方法	描述
cmp(tuple1, tuple2)	比较两个元组元素
len(tuple)	计算元组元素个数
max(tuple)	返回元组中元素最大值
min(tuple)	返回元组中元素最大值
tuple(list)	将列表转换为元组

6. 集合(set)

集合是一个无序不重复元素集。基本功能主要有去除重复元素和关系测试。集合对象支持联合(union)、交(intersection)、差(difference)和对称差集(sysmmetric difference)等数学运算；大括号{}或者 set() 函数可以创建集合。注意：只有用 set() 才能创建一个空集合，{}不能创建空集合，因为{}是用于创建一个空字典。创建格式如代码 2 - 8 所示。

代码 2 - 8

```
param = {value01, value02, ...}
#或者 param = set(value)
print(param)
```

集合内置方法如表 2 - 5 所示。

表 2 - 5　集合内置方法

方法	描述
add( )	为集合添加元素
dear( )	移除集合中的所有元素
copy( )	拷贝一个集合
difference( )	返回多个集合的差集
difference_update( )	移除集合中的所有元素，该元素在指定的集合也存在
discard( )	删除集合中指定的元素
intersection( )	返回集合的交集
intersection_update( )	返回集合的交集
isdisjoint( )	判断两个集合是否包含相同的元素，如果没有返回"True"，否则返回"False"
issubset( )	判断指定集合是否为该方法参数集合的子集
issuperset( )	判断该方法的参数集合是否为指定集合的子集
pop( )	随机移除元素
remove( )	移除指定元素
symmetric_difference( )	返回两个集合中不重复的元素集合
symmetric_difference_update( )	移除当前集合中在另一个指定集合相同的元素，并将另外一个指定集合中不同的元素插入到当前集合中
union( )	返回两个集合的并集
update( )	给集合添加元素

7. 函数式编程工具

对于列表来讲，有三个内置函数非常有用，即 filter( )，map( )，reduce( )。

filter(function, sequence) 返回一个序列(sequence)，包括了给定序列中所有调用 function(item)后返回值为 true 的元素。如果该序列是一个 string(字符串)或者 tuple(元组)，返回值必定是同一类型。例如，代码 2 - 9 可以计算部分素数。

代码 2 - 9

```
def f(x): return x % 2 ! = 0 and x % 3 ! = 0
filter(f, range(2, 25))
#结果为 [5, 7, 11, 13, 17, 19, 23]
```

map(function, sequence)表示对序列 sequence 中的元素 item 依次调用 function(item)，

并将执行结果组成一个列表返回，如代码 2 - 10 所示。

代码 2 - 10

```
def sum(x):
    return x + 10
L1 = [1, 2, 3, 4, 5, 6, 7]
L = map(sum, L1)
# 结果为 [11, 12, 13, 14, 15, 16, 17]
```

map 还可以将序列视作参数，分别以每个序列中的元素作为函数对应参数得到的结果列表并行返回，如代码 2 - 11 所示。

代码 2 - 11

```
def sum(x, y):
    return x + y
L1 = [1, 2, 3, 4, 5, 6]
L2 = [10, 11, 12, 13, 14, 15]
print(map(sum, L1, L2))
#结果为[11, 13, 15, 17, 19, 21]
```

注意：map 调用方法与列表解析较接近，而 map 对每一个元素都应用了函数调用而不是任意的表达式。对某些方面而言，map 工具的通用性不太强，尽管如此，在特定场景下，相对列表解析而言，map 运行速度更快，比 for 循环更快。

reduce(function, sequence) 返回一个单值，它的执行逻辑是：首先，序列的前两个元素调用函数 function；其次，以返回值和第三个参数调用，逐次执行下去，如代码 2 - 12 所示。

代码 2 - 12

```
def add(x, y): return x + y
reduce(add, range(1, 11))
#结果为 55
```

以上程序计算了 1 到 10 的整数之和。

倘若序列中只包含一个元素，就将该元素返回，如果序列是空的，就抛出异常。

2.3 Python 对象序列化

Python 内置的对象类型主要有数字、字符串、列表、元组、字典、集合等，在 Python 中，一切皆为对象。要想把这些对象保存到一个文件中，则必须将数据转换为字节序列，并设计一套协议，按照某种规则，把内存中的数据保存到文件中，因此文件是一个个字节序列。而把数据转换为字节序列，输出到文件，即序列化。反之，从文件的字节序列恢复到内存中，就是反序列化。Python 中通常有两种方法实现序列化，pickle 模块和 json 模块。

1. pickle 模块

pickle 模块提供了基本的数据序列和反序列化 Python 对象结构的二进制协议。可利用 pickle 模块的序列化操作，将程序中运行的对象结构转换为字节流，将其保存到文件中并永久存储。pickle 模块的反序列化操作可以在文件中创建先前程序保存的对象，把字节流转变回对象层次结构。pickle 使用的数据格式是 Python 特有的。pickle 文件格式与机器的体系结构相独立，也就是说，不同操作系统都能利用 Python 程序的 pickle 模块解读原来的数据，移植性较高。pickle 提供四个功能函数进行对象的序列化与反序列化：dumps，dump，loads，load。pickle 模块有如下两种方法把一个对象序列化并写入文件中。

（1）pickle. dumps（）方法：把任意对象序列化成一个 bytes，通过一定方式把这个 bytes 写入文件。如代码 2 – 13 所示。

代码 2 – 13

```
import pickle
d = dict( name = 'bob', age = 23, score = 98)
print( pickle. dumps( d) )
```

（2）pickle. dump（）方法：直接把对象序列化后写入一个文件对象中，如代码 2 – 14 所示。

代码 2 – 14

```
import pickle
d = dict( name = 'bob', age = 23, score = 98)
f = open( 'dump. txt', 'wb')    #因为序列化之后是 bytes，所以是 wb
pickle. dump( d, f)
f. close( )
```

pickle. dumps（）和 pickle. dump（）的区别为中间过程是否还需要再做一些操作。

　　同序列化一样,把对象从磁盘读到内存时,有两种方法:①pickle. loads( ),可以先把内容读到一个 bytes,然后用 pickle. loads( )方法反序列化出对象;②pickle. load( ),直接用 pickle. load( )方法从一个 file 对象中直接反序列化出对象。以上两种方法可通过代码 2 - 15 实现反序列化。

代码 2 - 15

```
import pickle
f = open('dump. txt', 'rb')
s = pickle. load(f)
f. close( )
print("反序列化后的对象 s:", s)
#运行结果为:反序列化后的对象 s:{'score': 98, 'age': 21, 'name': 'july'}
```

2. json 模块

　　json(Java Script Object Notation)是一种轻量级数据交互格式,是 JavaScript 中的一个子集,与 XML 相比更加简单,能够轻松编写和阅读,机器也容易解析和生成。Python 的 json 模块序列化与反序列化的过程分别是 encoding 和 decoding。encoding 主要是 Python 对象编码转换成 json 字符串;而 decoding 则是将 json 字符串编码转换成 Python 对象。json 提供了四个功能:json. loads、json. dumps、json. load、json. dump。loads 跟 dumps 是用来处理字符串的,load 跟 dump 是用来处理文件的。其中,loads 把 json 转换成其他格式、字符串或文件相关的;dumps 把其他对象或格式转换为 json 格式;load 将文件的内容转换成为 json 数据;dump 把 json 数据写入到文件中。

　　(1)把字典转换为 json 字符串格式,如代码 2 - 16 所示。

代码 2 - 16

```
import json
a = dict(name = 'jerry', age = 25, message = 'something')
print (a)
print (type(a))
#{'message': 'something', 'age': '25', 'name': vjerry} < type 'dict' >
b = json. dumps(a)
print (b)
print (type(b))
#结果为:
#{'message': 'something', 'age': '25', 'name': 'jerry'} < type 'str' >
```

（2）把 json 格式转换成为字典，如代码2－17所示。

代码 2－17

```
c = json. loads( b)
print ( type( c) )
print ( c)
print ( c['name'] )
#结果:
# < type'dict' >
#{ 'message': "something", 'age': 25, 'name': 'jerry'}
#jerry
```

（3）把 json 写入文件中，如代码2－18所示。

代码 2－18

```
jsondata = '{ "a": 1, "b": 2, "c": 3}'
with open('a. txt', 'w') as f:
    json. dump( jsondata, f)
#结果: '{ \'a\': 1, \'b\': 2, \'c\': 3}'
```

（4）从文件中读取内容转换成 json 格式，如代码2－19所示。

代码 2－19

```
with open('a. txt', 'r') as fr:
    m = json. load( fr)
    print ( m)
    print ( type( m) )
#结果: { 'a': 1, 'b': 2, 'c': 3} < type 'unicode' >
```

2.4 函数式编程基础

Python 计算机程序能被拆解成函数，逐层地对函数进行调用，复杂任务被分解，变得简单化，这种分解过程称作面向过程的程序设计。函数就是面向过程的程序设计的基本单元。Functional Programming——函数式编程可以划归为面向过程的程序设计，但它的理论思想与数学计算更贴切。

函数式编程作为编程范式，它的抽象程度很高，真正意义上利用函数式编程所编写的函数不具有变量，函数只能接收输入并产生输出，不具备任何影响输出的内部状态，函数式编程利用相应的函数来解决问题。不论何种情况，只要参数相同，所调用函数输出的结果是一致的。一个函数式编程内，被输出的数据在一系列的函数内"流过"，每个函数基于接收的输入产出相应的输出。采用函数式编写程序，能有效防止函数的"边界效应"（修改内部状态，或者其他无法反应在输出上的变化，完全没有边界效应的函数被称为"纯函数式"），意味着不使用在程序运行时可变的数据结构，输出只依赖输入。因此，造就了函数式编程的以下几个优点。

（1）逻辑可证：没有边界效应，使得其在逻辑上证明程序的正确性时更轻松容易。

（2）模块化：简单是函数式编程秉承的原则，每个函数的功能不一样，可将大的功能拆分成尽可能小的模块。

（3）组件化：函数越小，越容易将其整合以构建新的功能。

（4）易于调试：定义清晰、细粒度的函数在调试时较容易，若程序运行不正常，检查每个函数的数据接口是否正确，可以快速、高效地锁定有问题的地方，更快地排除没有问题的代码。

（5）易于测试：不依赖系统状态的函数，无须在测试前构造测试桩，使得单元编写测试更加容易。

（6）更高的生产率：函数式编程产生的代码比其他技术更少，易于阅读和维护。

函数式编程的一大特征是函数可以视为一个参数输入到另一个函数中；函数还可以作为返回值被返回。Python 提供部分支持的函数式编程，因为可以在 Python 中使用变量，所以 Python 不是纯粹的函数式编程语言。

1.定义函数

在 Python 中，若定义一个求和函数可用下面的方法，如代码 2－20 所示。

代码 2－20

```
def add (x, y):
    return x + y
```

其中，def 是定义函数的关键字，add 表示函数名，x 与 y 为输入到函数的两个参数，返回值是两个参数的和。定义 add 函数后，可以在任何需要的地方调用 add( )函数。

在函数式编程中，还可用 Lambda 定义匿名函数，其语法如代码 2－21 所示。

代码 2 – 21

```
lambda args: expression
```

参数（args）的语法与普通函数相同，函数调用的返回值就是表达式（expression）的值，而 Lambda 表达式返回这个匿名函数，若用 Lambda 来定义求和函数，编程如代码 2 – 22 所示。

代码 2 – 22

```
Lambda_add = lambda x, y: x + y
```

可发现，定义方式与使用 def 定义的求和函数一样，因此可以使用 Lambda 作为函数名进行调用求和函数。

2. 闭包

闭包是一种较特别的函数，如果在一个函数的作用域中定义另一个函数，并且外部函数的局部变量被函数所引用，那么这个函数就是一个闭包。代码 2 – 23 定义了一个闭包。

代码 2 – 23

```
def f ( ):
    n = 1
    def inner ( ):
        print ( n )
    inner( )
    n = 'x'
    inner( )
```

inner 函数定义于 f 的作用域中，并且 f 中的局部变量 n 在 inner 中被调用，创建了一个闭包。闭包绑定了外部分变量，函数 f 的调用结果是将 1 和'x'打印出来，与普通的模块函数和模块中定义的全局变量关系相似：外部变量的修改将影响内部作用域中的值，若在外部作用域中定义同名变量则外部变量将被隐藏。若函数中的全局变量需要修改，可利用 global 关键字对变量名进行修饰，Python2. x 中无法提供关键字以支持在闭包中修改外部变量，在 Python3. x 中可以使用 nonlocal 关键字进行修改，如代码 2 – 24 所示。

代码 2 – 24

```
def f ( ):
    n = 1
    def inner ( ):
        nonlocal n
        n = 'x'
    print( n )
    inner( )
    print( n )
```

由于使用了在函数外定义的变量,闭包违反了不依赖外部状态的函数式风格规定。然而,由于闭包绑定的是外部函数的局部变量,只要离开外部函数作用域,则将无法从外部访问这些局部变量。此外,每当执行到闭包定义处时均会创建一个新闭包,这是闭包的重要特点。基于此特点,旧的闭包绑定的变量在第二次调用外部函数时不会被更改。因此,实际上闭包不受外部状态的影响,完全满足函数式风格的要求。只有当闭包作为参数和返回值时它的威力才能真正发挥出来,但闭包的支持依旧极大地提高了生产率。

3. 迭代器(iterator)

迭代器是用来访问集合内元素的形式。迭代器对象从集合的第一个元素开始访问,只有全部元素都被访问一遍才停止,因此迭代器不能回退只能往前迭代。在迭代访问中,不必为整个迭代过程准备所有元素,迭代器只能在迭代到某一元素时才会执行该元素,在此之前,元素可以被销毁或者不存在。因此,迭代器适用于对庞大或无限的集合进行迭代。对于本身就能提供随机访问的数据结构(如 tuple/list) 来说,与经典 for 循环的索引访问相比,迭代器优势不显著,会导致索引值丢失,但相对于不能随机访问的 Sct 等数据结构,唯一的元素访问方式是迭代器。下面将介绍部分迭代器的用法。

可通过内建的工厂函数 iter(iterable) 来得到迭代器对象,如代码 2 – 25 所示。

代码 2 – 25

```
list = range( 2 )
it = iter( list )
it
#结果: < listiterator object at 0x00BB62F0 >
```

访问下一个元素的方法可用迭代器的 next( ) 操作来得到,如代码 2 – 26 所示。

代码 2 – 26

```
it. next( )
#结果: 0
```

在 Python 中，专门将关键字 for 表示迭代器的使用。在 for 循环中，Python 将自动调用工厂函数 iter( )获得迭代器，自动调用 next( )获取元素，自动检查异常。如代码 2 – 27 所示。

代码 2 – 27

```
for val in list:
    print( val)
```

以上代码中，Python 获取迭代器是通过对关键字 in 后的对象调用 iter 函数来得到，然后执行迭代器的 next 方法来访问元素，直到 Stop Iteration 异常被抛出。在调用 iter 函数时迭代器将返回自身，也可以在 for 语句运用迭代器，无须特殊处理。

4. 生成器

生成器是一种迭代器，生成器具有 next 方法，并且操作与迭代器完全一致，这表明在 Python 的 for 循环中也可以使用生成器。此外，由于生成器的特殊语法支持使得编写一个生成器比定义一个迭代器简单，生成器也是最常用到的特性之一，如代码 2 – 28 所示。

代码 2 – 28

```
def get_0_1_2( ):
    yield 0
    yield 1
    yield 2
get_0_1_2
< function get_0_1_2 at 0x00B2CB70 >
```

通过上述代码，可以获取一个生成器，其中，定义了一个 get_0_1_2( )函数。与一般函数不同的是，get_0_1_2 函数体内使用了关键字 yield，使得 get_0_1_2 成为一个生成器函数。生成器有如下特性。

（1）调用生成器将返回一个生成器，如代码 2 – 29 所示。

代码 2 - 29

```
generator = get_0_1_2( )
generator
#结果:
# < generator objector get_0_1_2 at 0x00B1C7D8 >
 < function get_0_1_2 at 0x00B2CB70 >
```

（2）当生成器的 next 方法第一次被调用时，生成器函数才开始被生成器执行，遇到 yield 时停止执行（挂起），而此次 next 方法的返回值就是 yield 的参数，如代码 2 - 30 所示。

代码 2 - 30

```
generator. next( )
#结果: 0
```

（3）之后每调用生成器的 next 方法时，生成器都会从上次停止执行的位置恢复执行生成器函数，直到再次遇到 yield 时停止。同样地，yield 的参数将作为 next 方法的返回值，如代码 2 - 31 所示。

代码 2 - 31

```
generator. next( )
#结果: 1
generator. next( )
#结果: 2
```

（4）如果在生成器函数结束时调用 next 方法（遇到空的 return 语句或达到函数体末尾），则此次调用 next 方法将抛出 Stop Iteration 异常，即 for 循环的终止条件，如代码 2 - 32 所示。

代码 2 - 32

```
generator. next( )
Traceback ( most recent call last)
    File" < stadin > ", line 1, in < module >
StopIteration
```

（5）每次生成器函数停止执行时，在函数体内的所有变量都会被贮存于生成器中，只有执行恢复时才能还原。与闭包相似，虽然返回的生成器存在于同一个生成器函数中，但贮存的变量是彼此独立的，如代码2-33所示。

代码 2 - 33

```
def fibonacci( ):
    a = b = 1
    yield a
    yield b
    while True：
        a, b = b, a + b
        yield b
for num in fibonacci( )
    if num > 100：break
    print( num)

#结果：1 1 2 3 5 8 13 21 34 55 89
```

上述代码中，通过定义一个生成器获取了斐波那契数列。由于生成器可以挂起，所以是延迟计算的，因此 while True 无限循环对代码运行没有关系。

2.5 本章小结

本节主要介绍 Python 计算机程序语言的使用，采用代码示例＋基础概念模式对 Python 的数据类型与变量、数据结构、对象序列化、函数式编程做基础的介绍，帮助掌握 Python 编程的基础知识。

课后习题

1. Python 编程的特点主要有哪些？
2. 请安装 Python 运行环境，并使用代码案例进行编程。

第3章

Spark 集群部署

3.1　运行环境说明

Apache Spark 可以支持四种分布式部署方式，分别为本地单机模式、集群单机模式、Mesos 模式、Yarn 模式。本地单机模式，只需在单节点上解压便可运行。该模式不依赖于 Hadoop 环境，Master 和 Worker 都在一个 Java 虚拟机中运行，通过该模式，能够快速地测试 Spark 的功能。集群单机模式，本身自带完整的服务，可以单独在一个集群中进行部署，不需要依赖其他资源管理系统。Mesos 模式，这种模式为官方推荐，由于 Spark 在研发时就考虑到需要支持 Mesos，因此，目前而言，Spark 在 Mesos 上运行会比在 Yarn 上运行更灵活、更自然。目前在 Spark on Mesos 环境中，用户可选择两种调度模式之一运行自己的应用程序。Yarn 模式，支持两种子模式，分别为 Yarn – Client，Yarn – Cluster。Spark 支持以下四种运行模式。

（1）本地单机模式：Spark 的全部进程都运行在同一个 Java 虚拟机中。

（2）集群单机模式：通过 Spark 自身的任务调度框架实现。

（3）Mesos 模式：Mesos 是一个比较流行的升源集群计算框架。

（4）Yarn 模式：同 Hadoop 关联的集群计算和资源调度框架。

3.1.1　软硬件环境

了解 Spark 的四种部署模式之后，需要为模式的部署配置好相应的软硬件环境。软硬件配置是作为 Spark 部署的支撑，接下来就开始准备软硬件环境。以下是本书安装 Spark 的软、硬件条件，仅供参考。

（1）处理器：Intel(R) Core(TM) i5 – 5200U CPU @ 2. 20 GHz 2. 20 GHz。

（2）操作系统：Windows 10, 64 位基于 X64 的处理器。

（3）内存：16 GB。

（4）虚拟机环境：VMware – Workstation。

（5）虚拟机操作系统：Ubuntu。

（6）清华镜像文件下载地址：

- Ubuntu 14. 04。http：//mirrors. tuna. tsinghua. edu. cn/ubuntu – releases/14. 04/。
- Ubuntu 16. 04。http：//mirrors. tuna. tsinghua. edu. cn/ubuntu – releases/16. 04/。

- Ubuntu 18.04。http：//mirrors. tuna. tsinghua. edu. cn/ubuntu – releases/18.04/。

（7）VMware Workstation pro 15，虚拟机运行环境：

- Hadoop。
- JDK。
- Scala。
- Maven。

3.1.2　集群网络环境

集群网络环境的配置，需要指定主机名、IP 地址、使用操作系统及用户，如表 3 – 1 所示。

表 3 – 1　集群网络环境

序号	IP 地址	主机名称	系统	User
1	192. 168. 152. 100	Master	Ubuntu 14. 04	root
2	192. 168. 152. 101	Slaver1	Ubuntu 16. 04	root
3	192. 168. 152. 102	Slaver2	Ubuntu 18. 04	root

3.2　安装 VMware – Workstation15. 5. exe

VMware Workstation 官方下载地址：

https：//www. vmware. com/products/workstation – pro/workstation – pro – evaluation. html

（1）选中"VMware15"压缩包，鼠标右击选择"解压到 VMware15"，如图 3 – 1 所示。

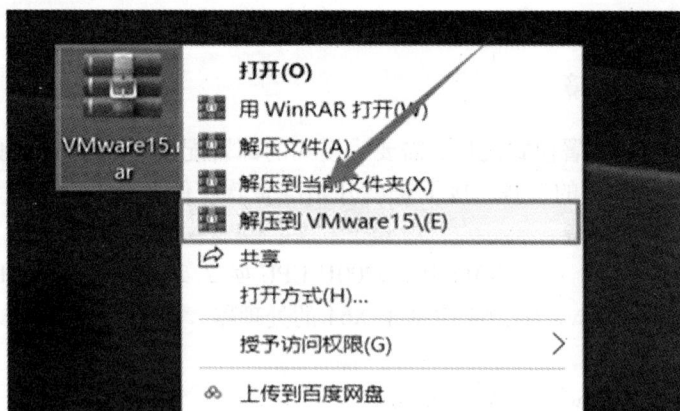

图 3 – 1　解压

（2）双击鼠标右键打开解压后的"VMware15"文件夹，如图 3 – 2 所示。

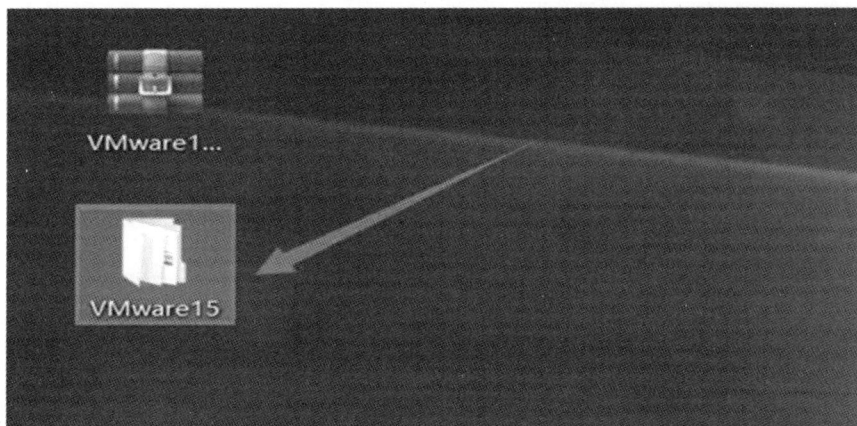

图 3 - 2　打开文件夹

（3）选中"VMware – 15"可执行文件，按住键盘的"Shift"键，鼠标右击选择"以管理员身份运行"，如图 3 – 3 所示。

图 3 – 3　运行程序

（4）点击"是"，如图 3 – 4 所示。

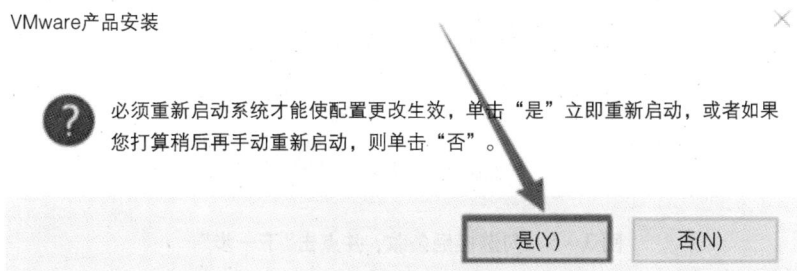

图 3 – 4　点击"是"

(5)点击"下一步",如图 3-5 所示。

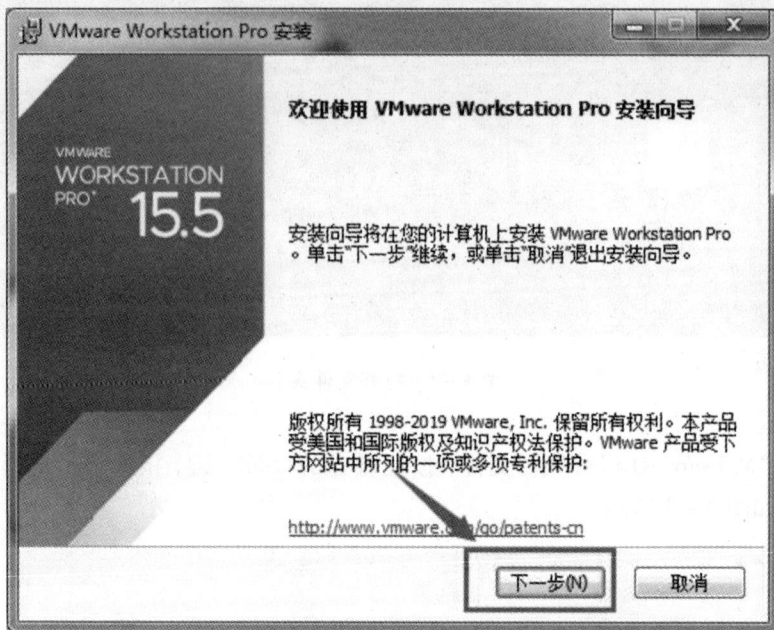

图 3-5 点击下一步

(6)勾选"我接受许可协议中的条款",点击"下一步",如图 3-6 所示。

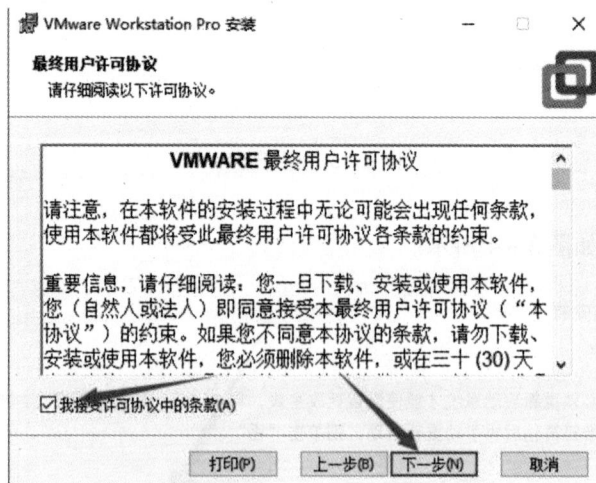

图 3-6 勾选接受条款,并点击"下一步"

（7）点击"更改"，更改软件的安装目录。在 D 盘或者其他盘新建一个"VMware15"文件夹，点击"下一步"，如图 3 - 7 所示。

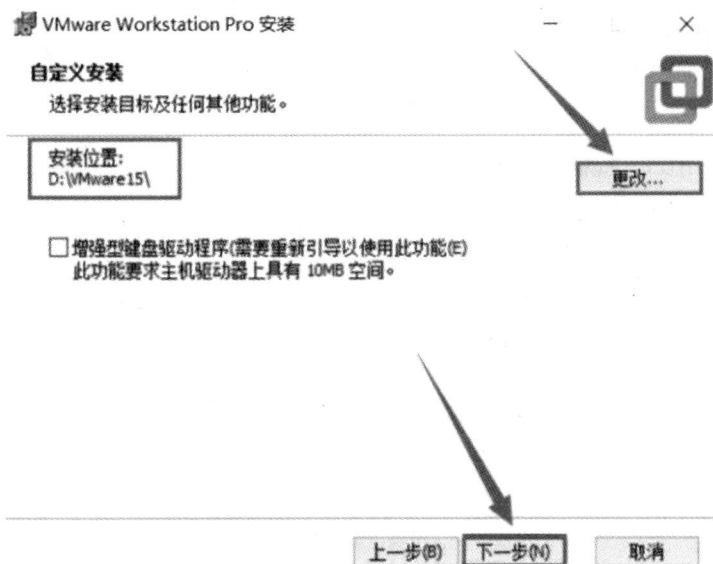

图 3 - 7　选择安装路径

（8）取消以下勾选，点击"下一步"，如图 3 - 8 所示。

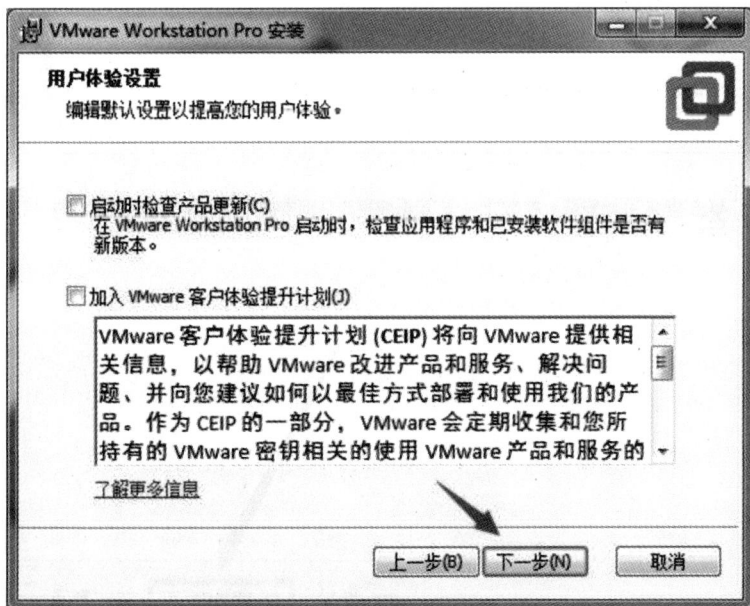

图 3 - 8　取消勾选，并点击下一步

(9)勾选要创建的快捷方式，点击"下一步"，如图 3 - 9 所示。

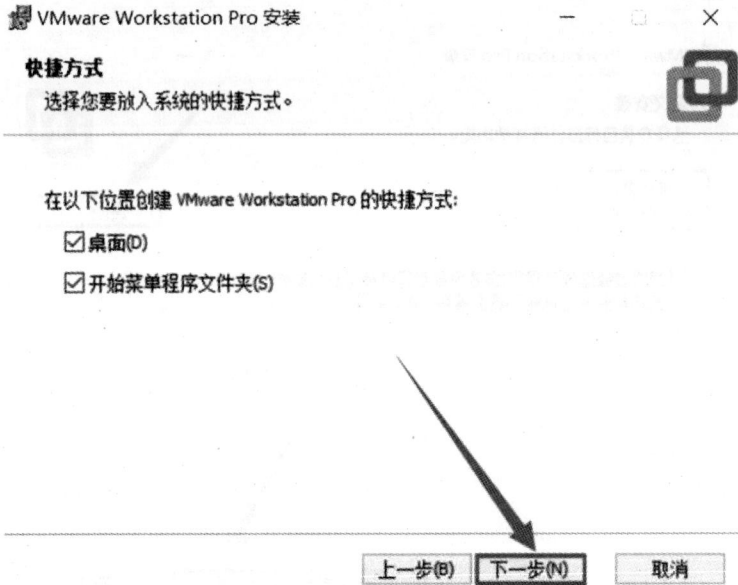

图 3 - 9　创建快捷方式，并点击"下一步"

(10)点击"安装"，如图 3 - 10 所示。

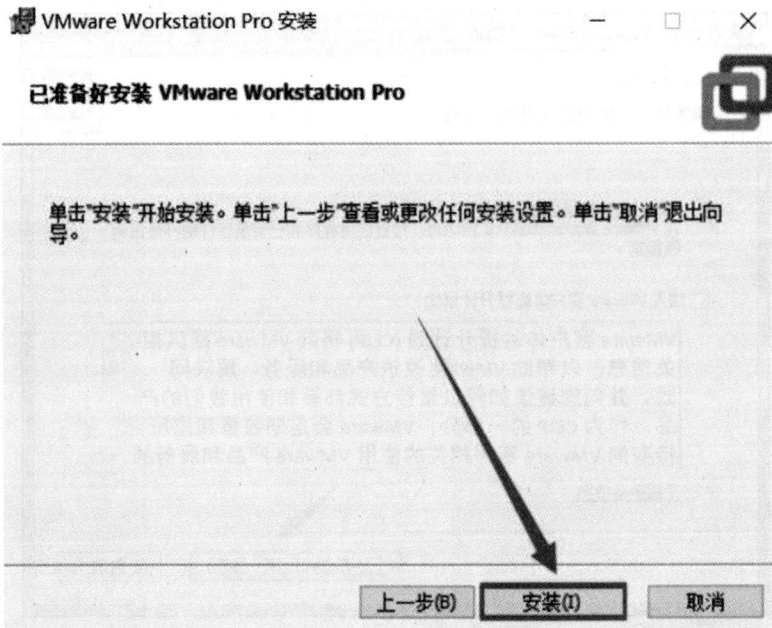

图 3 - 10　点击"安装"

（11）安装进度条，如图 3 - 11 所示。

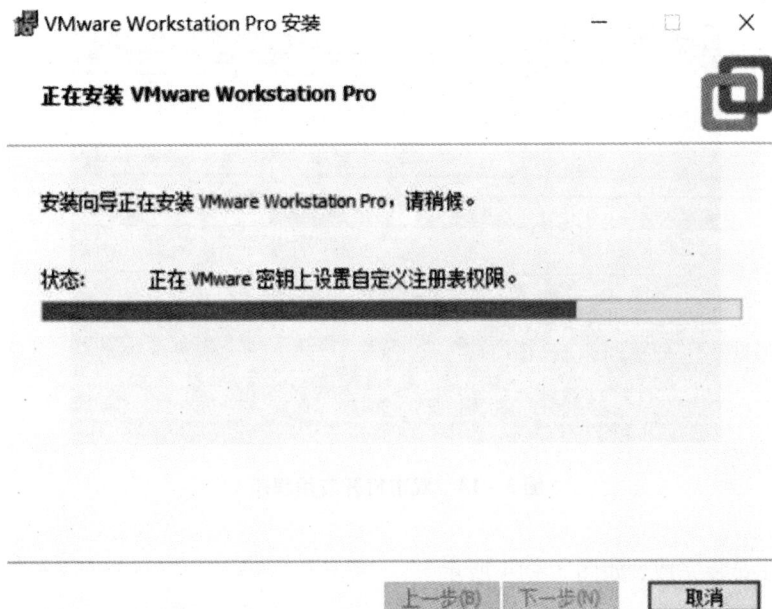

图 3 - 11　安装进度条

（12）点击"完成"退出安装向导，如图 3 - 12 所示。

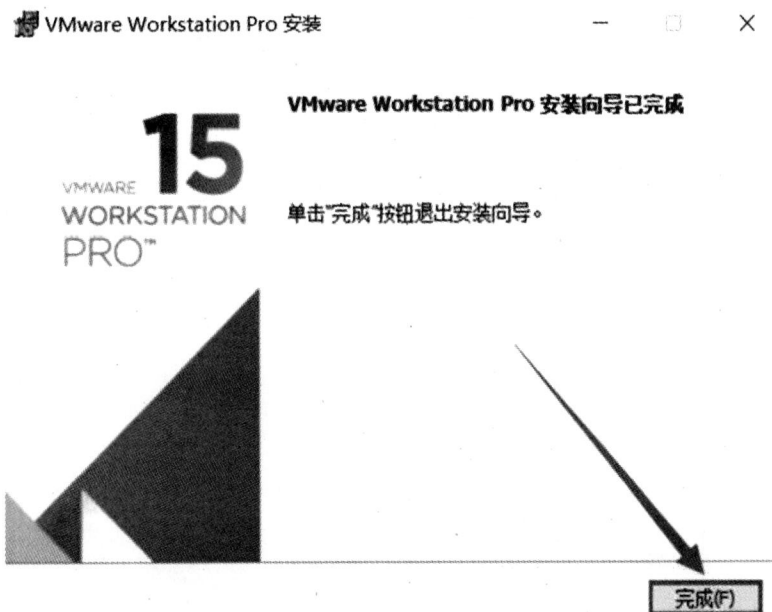

图 3 - 12　点击"完成"

（13）在桌面找到"VMware Workstation Pro"，双击打开，如图 3-13 所示。

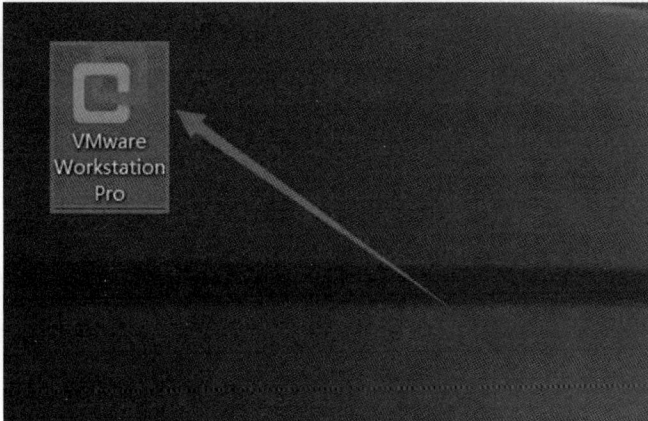

图 3-13　双击打开应用程序

（14）软件安装完成，如图 3-14 所示。

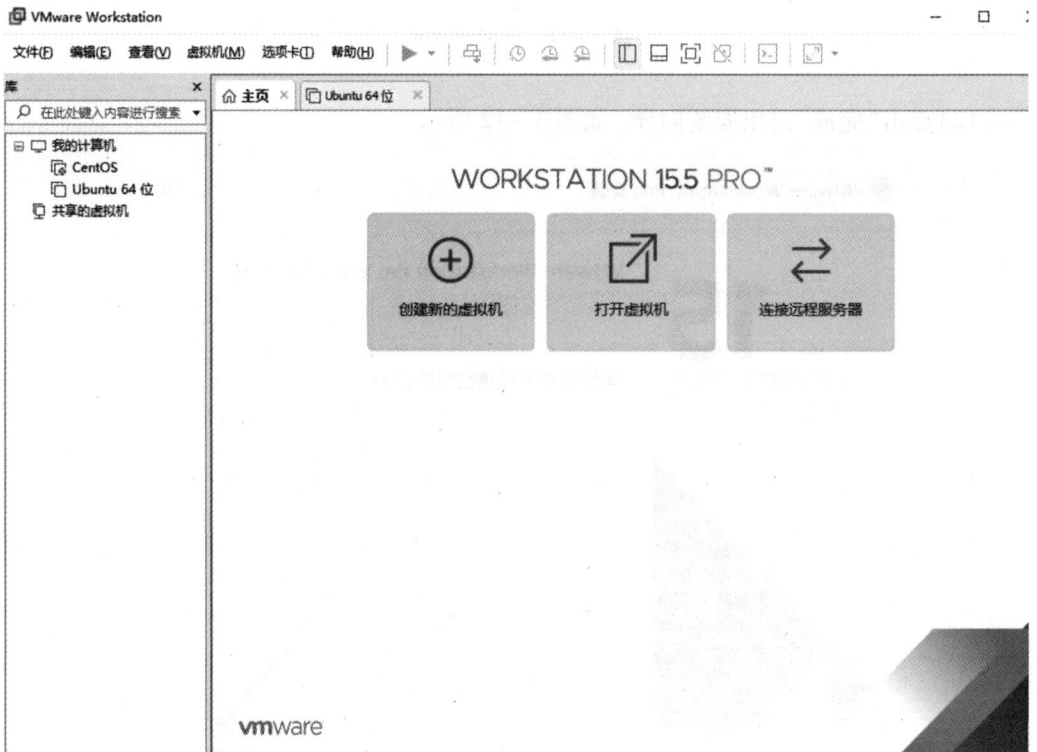

图 3-14　安装成功

3.3　安装 Ubantu18.04

（1）点击清华大学开源软件镜像站网址，并下载 Ubantu18.04.4 的镜像文件，如图 3 – 15 所示。

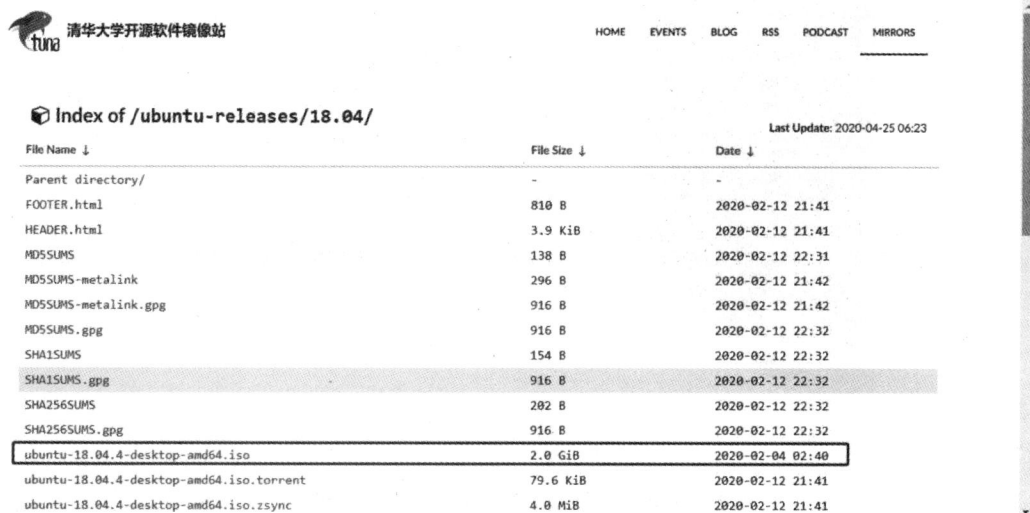

图 3 – 15　下载 Ubantu18.04.4 的镜像文件

（2）打开 VMware Workstation，选择"创建新的虚拟机"，如图 3 – 16 所示。

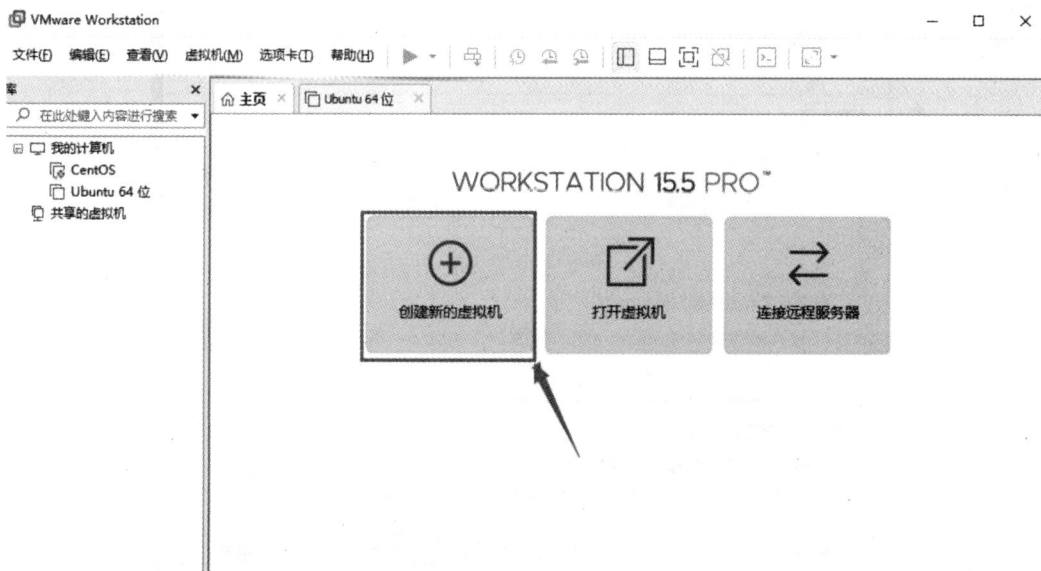

图 3 – 16　创建新虚拟机

（3）选择"典型"配置，点击"下一步"，如图 3 - 17 所示。

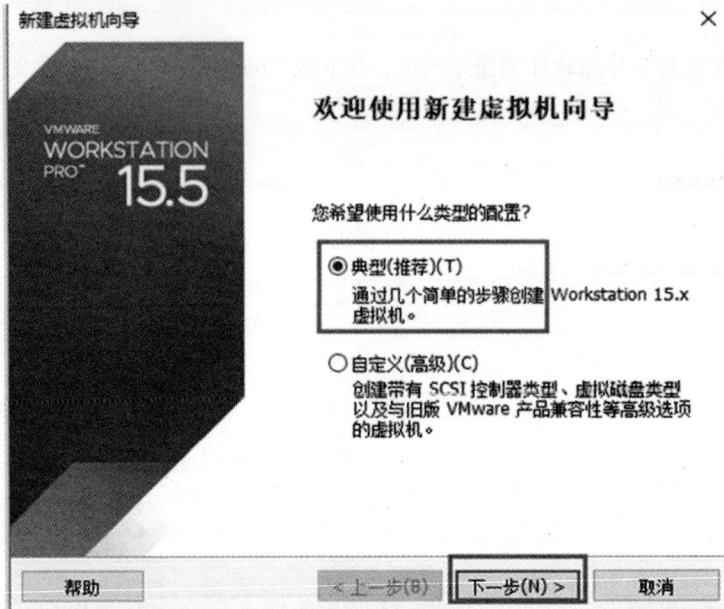

图 3 - 17　勾选"典型"，并点击"下一步"

（4）选择"稍后安装操作系统"，点击"下一步"，如图 3 - 18 所示。

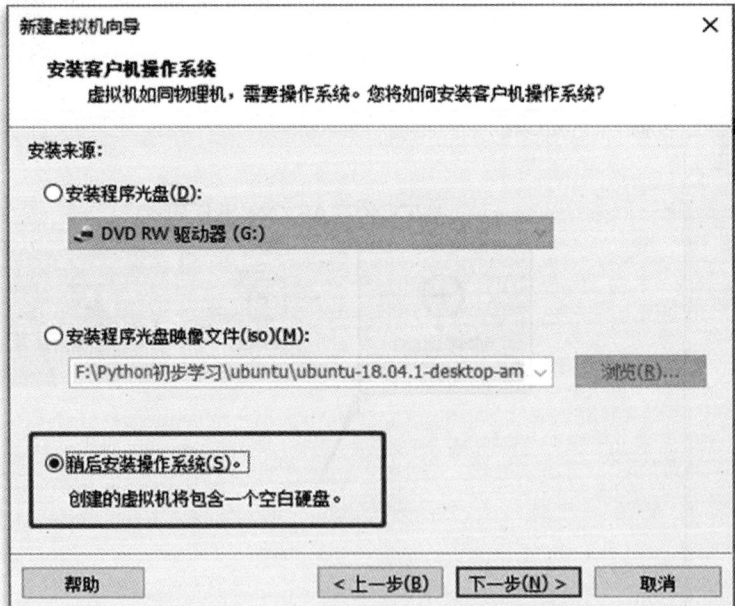

图 3 - 18　勾选"稍后安装操作系统"，并点击"下一步"

（5）客户机操作系统选择"Linux（L）"，版本选择"Ubantu 64 位"，如图 3 – 19 所示。

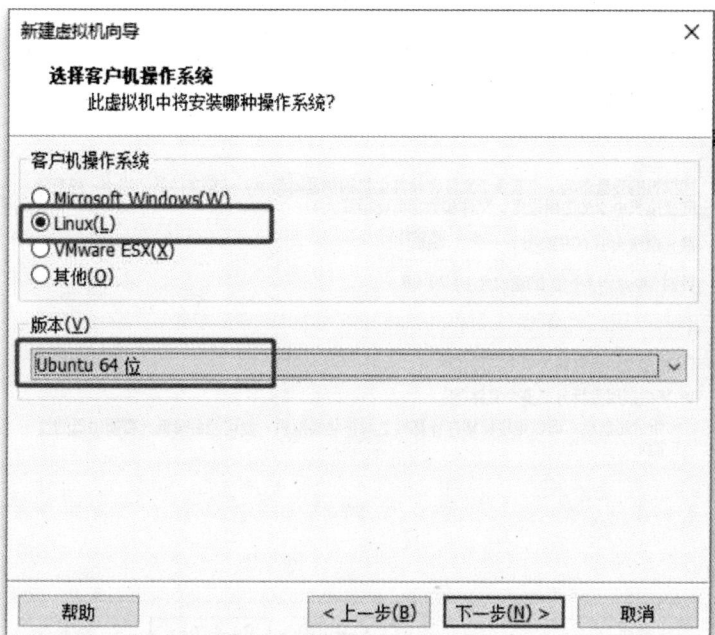

图 3 – 19　选择 Linux（L）与 Ubuntu 64 位

（6）设置虚拟机名称及存放路径，如图 3 – 20 所示。

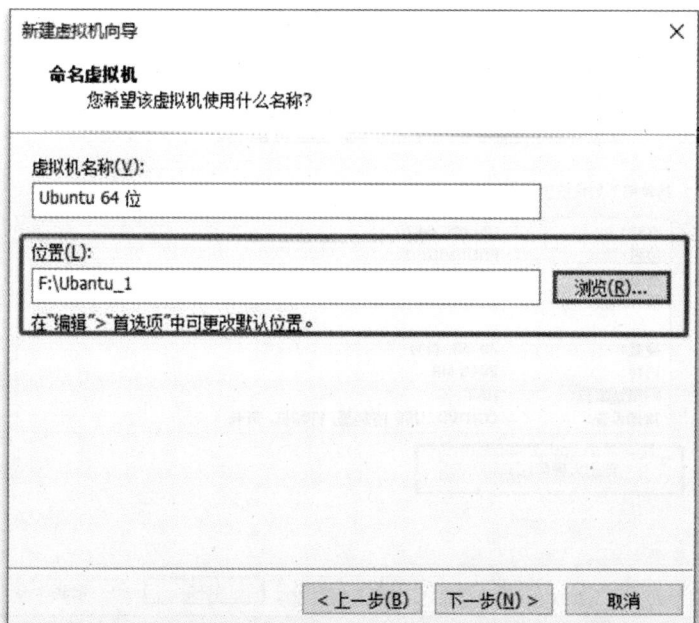

图 3 – 20　命名与选择存放路径

（7）指定磁盘大小，选择存储方式，点击"下一步"，如图 3 – 21 所示。

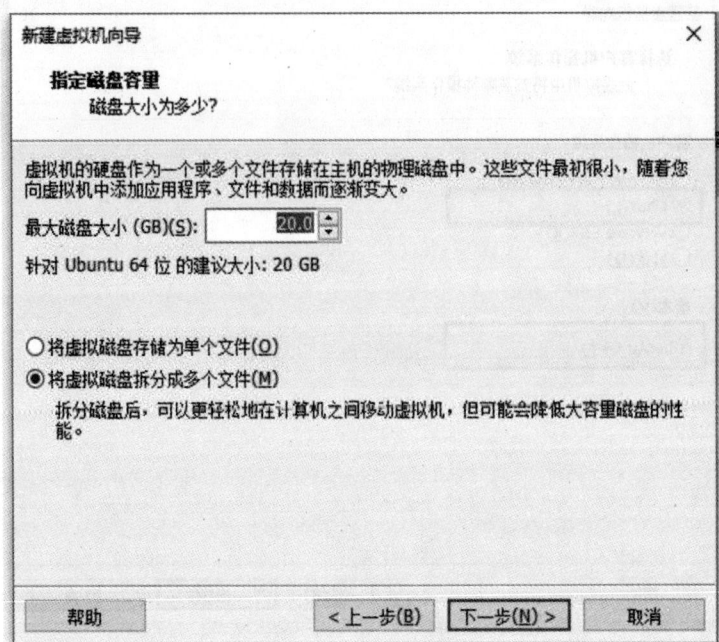

图 3 – 21　指定磁盘大小

（8）点击"自定义硬件"，如图 3 – 22 所示。

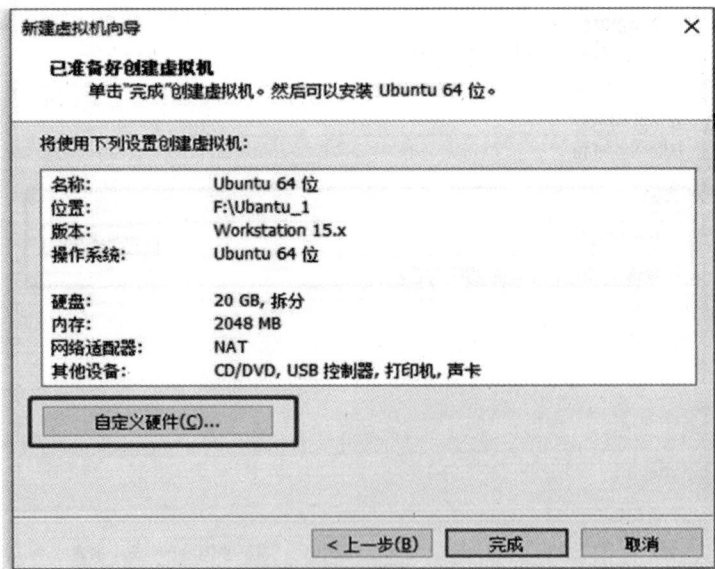

图 3 – 22 自定义硬件

（9）点击"内存"，设置内存为 2048 MB，如图 3 – 23 所示。

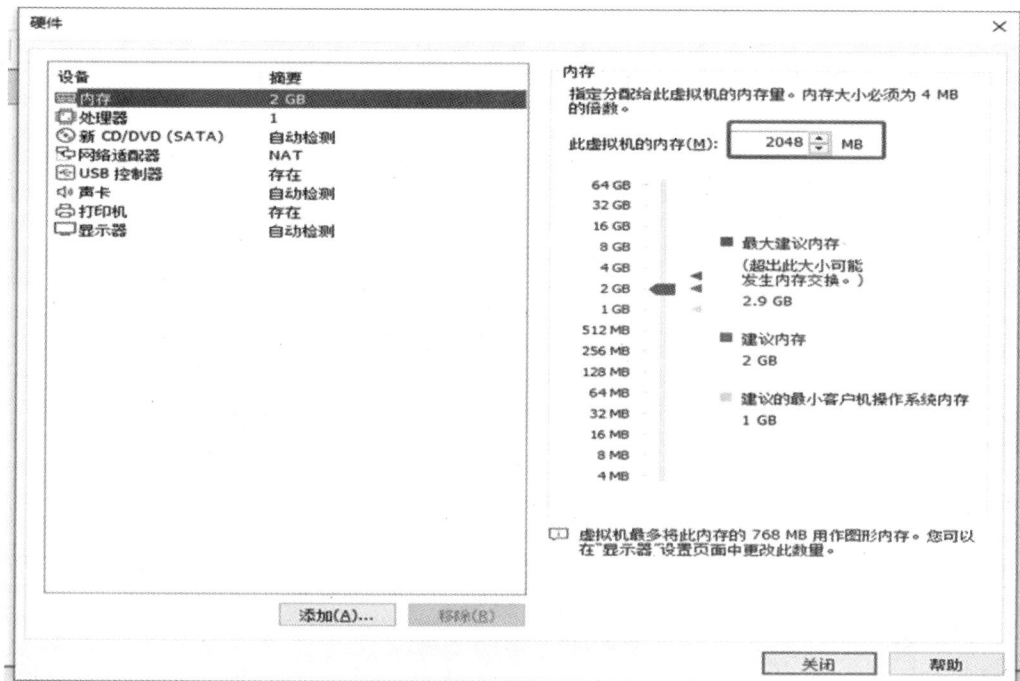

图 3 – 23 设置内存

（10）虚拟机配置完后，将镜像 ISO 文件链接至虚拟机的 CD/DVD 下，如图 3 – 24 所示。

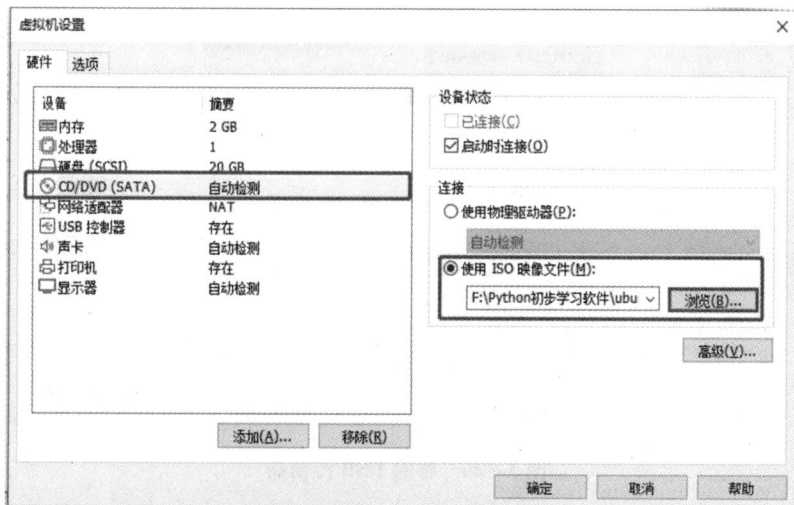

图 3 – 24 使用 ISO 镜像文件

（11）点击"网络适配器"中的网络连接，勾选"仅主机模式（H）"，如图 3 – 25 所示。

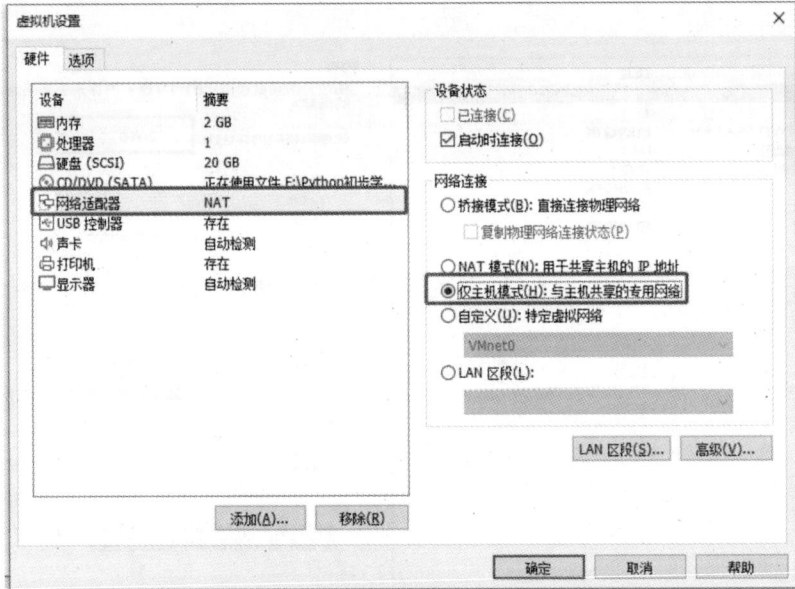

图 3 – 25　选择主机模式

（12）选中"USB 控制器"，点击"移除"，如图 3 – 26 所示。

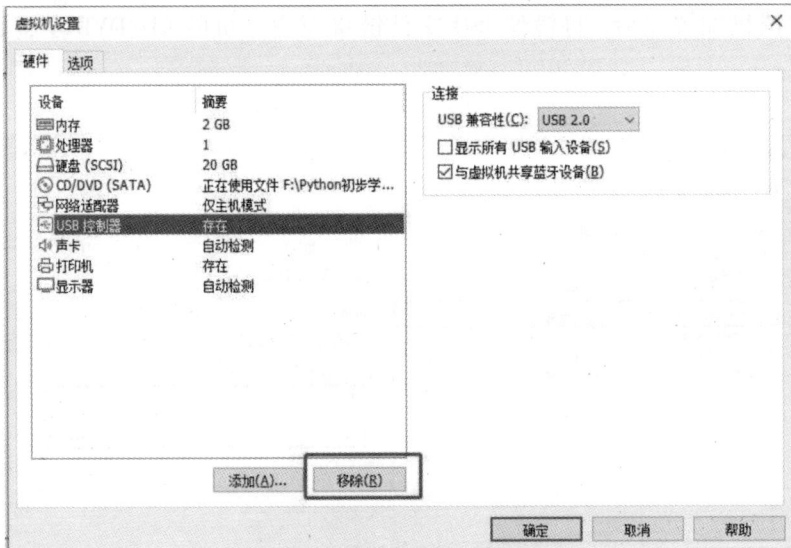

图 3 – 26　移除 USB 控制器

（13）选中"打印机"，点击"移除"然后点击"关闭"，如图 3 – 27 所示。

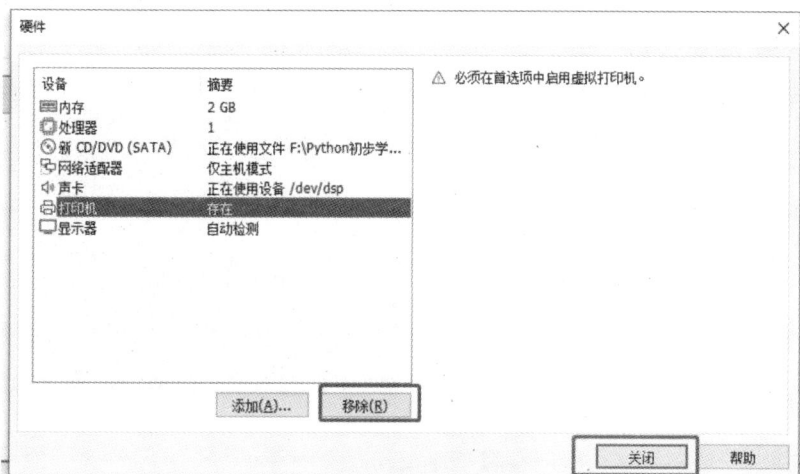

图 3 – 27　移除打印机

（14）点击"完成"，如图 3 – 28 所示。

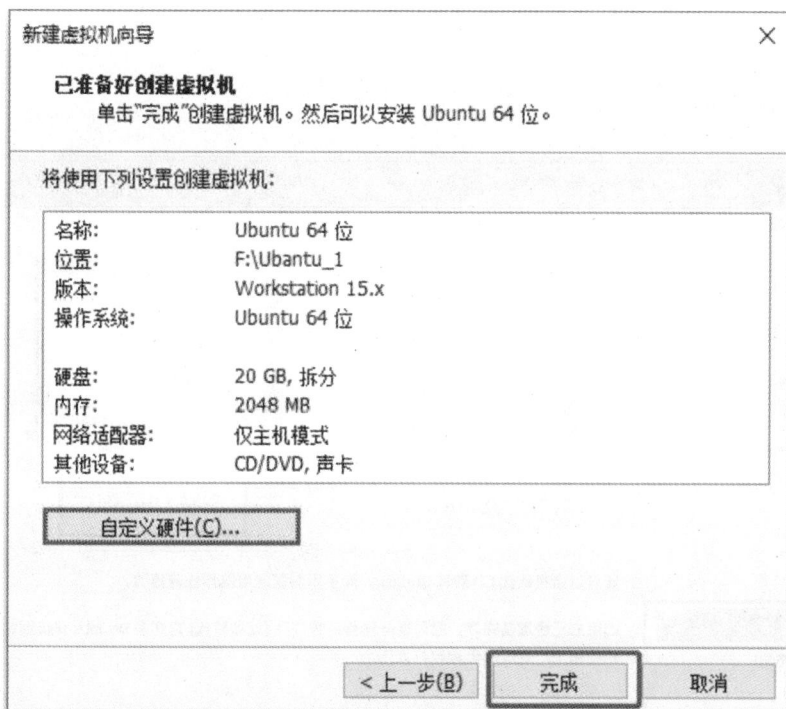

图 3 – 28　点击"完成"

（15）选中"Ubantu 64 位"，点击"开始此虚拟机"，如图 3 – 29 所示。

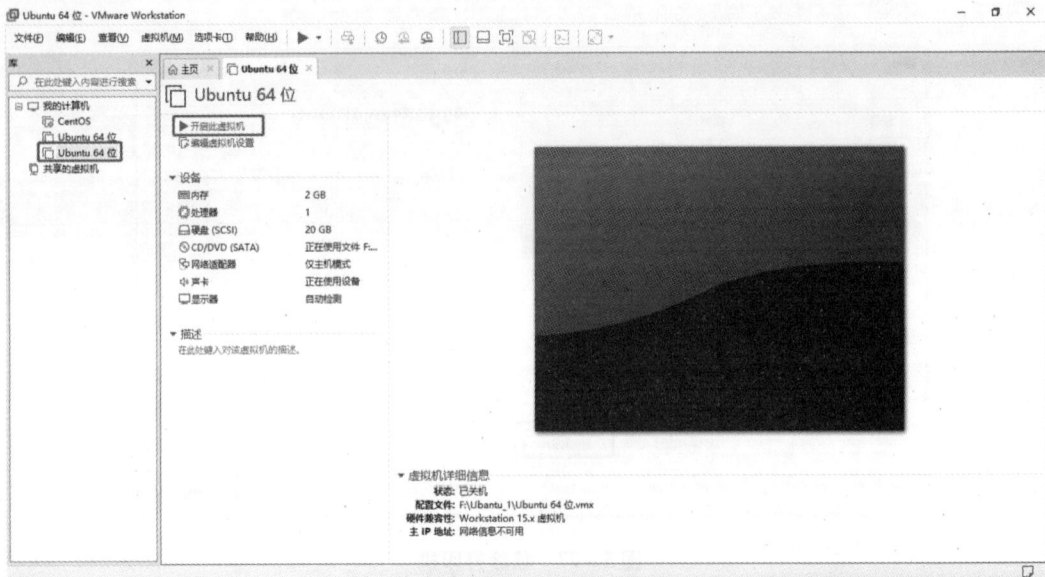

图 3 – 29　开启虚拟机

（16）选择"中文（简体）"，点击"安装"，如图 3 – 30 所示。

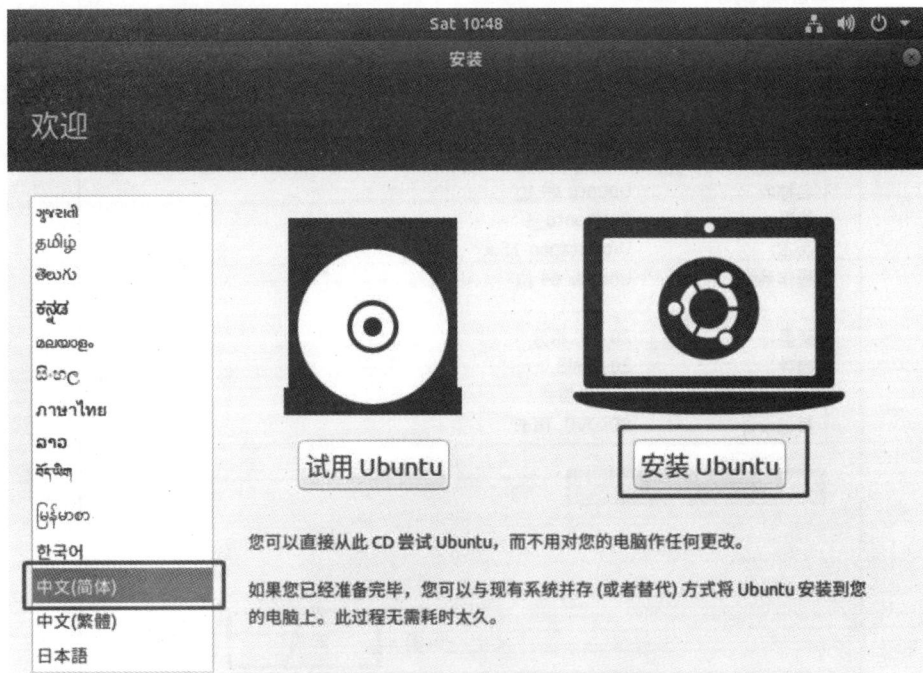

图 3 – 30　选择"中文（简体）"，点击"安装"

（17）键盘布局选择"汉语"，点击"继续"，如图 3 – 31 所示。

图 3 – 31　键盘布局

(18)选择"正常安装"，点击"继续"，如图 3 – 32 所示。

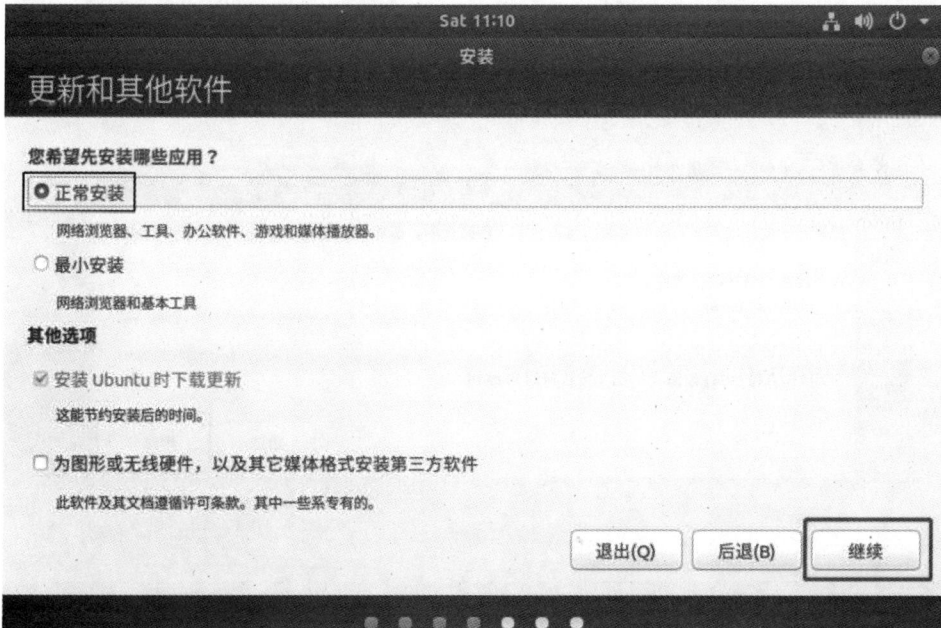

图 3 – 32　正常安装

（19）选择"清除整个磁盘并安装 Ubantu"，点击"现在安装"，如图 3 – 33 所示。

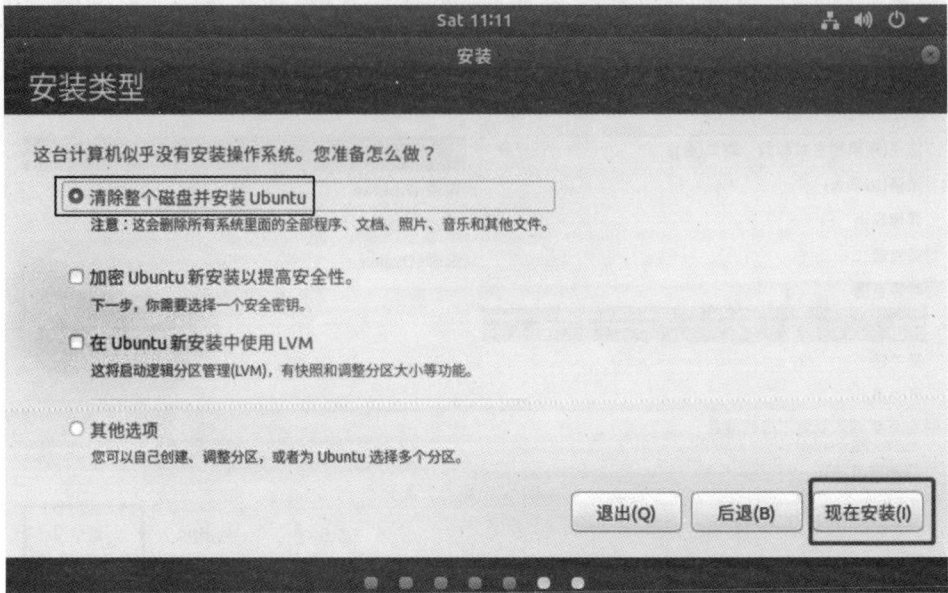

图 3 – 33　现在安装

（20）弹出"将改动写入键盘吗?"对话框，点击"继续"，如图 3 – 34 所示。

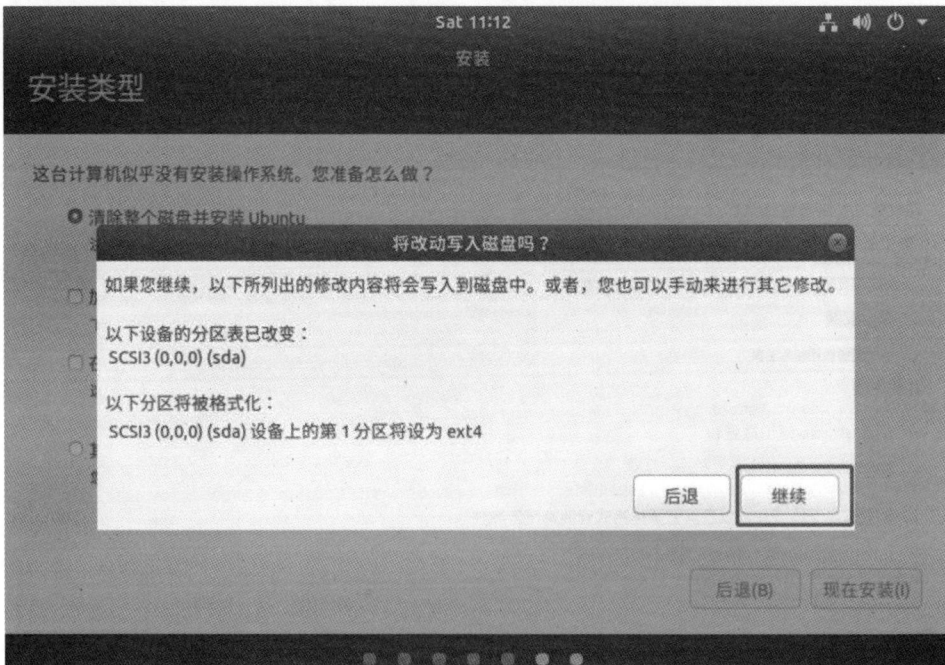

图 3 – 34　点击继续

（21）时区选择默认设置（默认 Shanghai），点击"继续"，如图 3 – 35 所示。

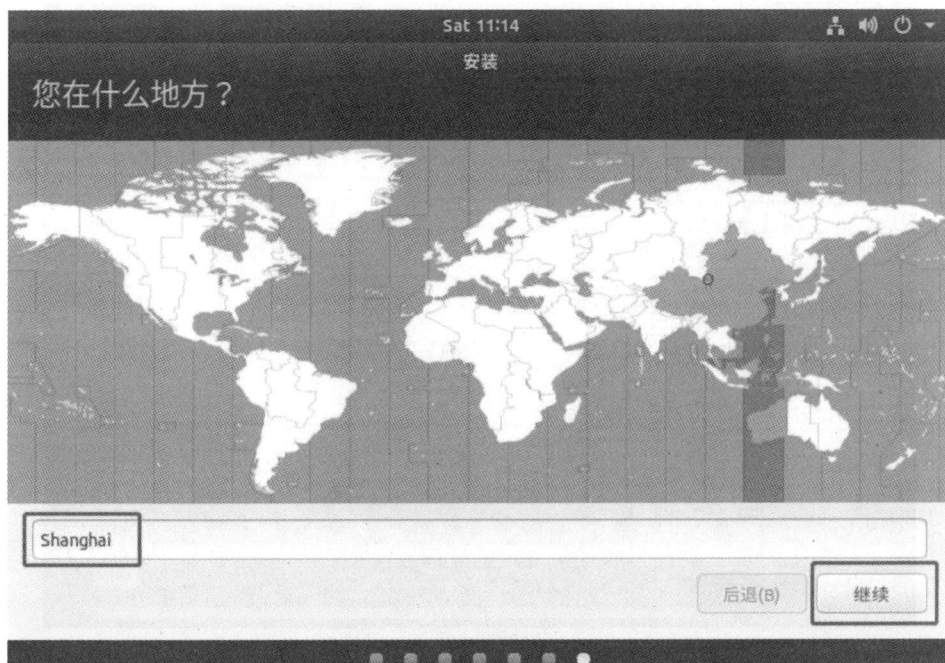

图 3 – 35　默认时区 Shanghai

（22）创建账号，点击"继续"，如图 3 – 36 所示。

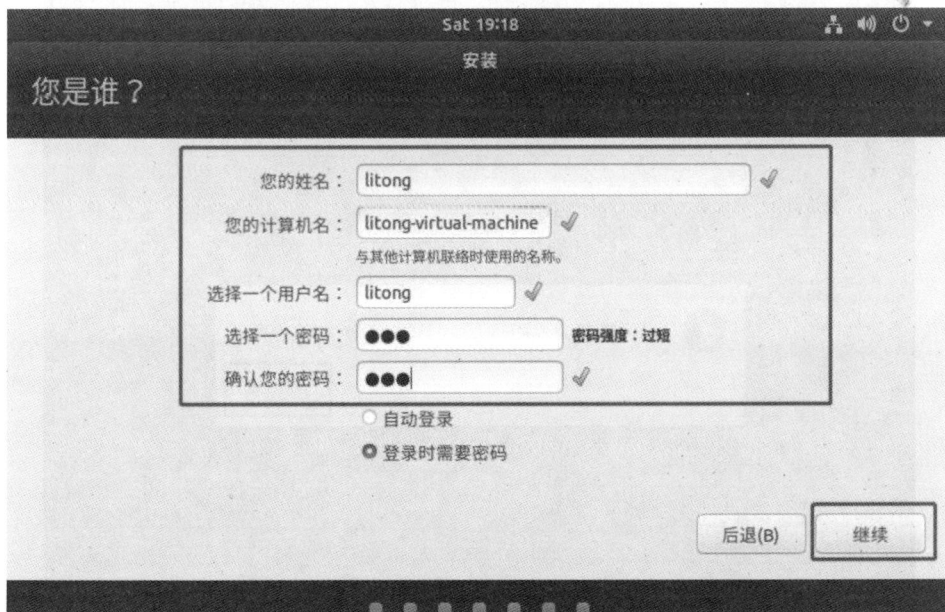

图 3 – 36　创建账号

(23)安装中，如图 3 - 37 示。

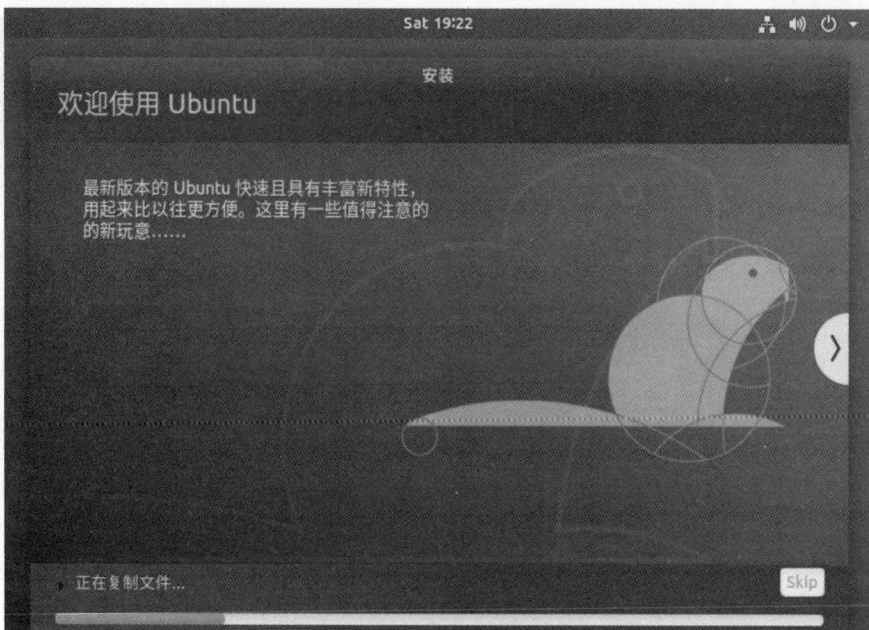

图 3 - 37　安装中

(24)点击"现在重启"，如图 3 - 38 所示。

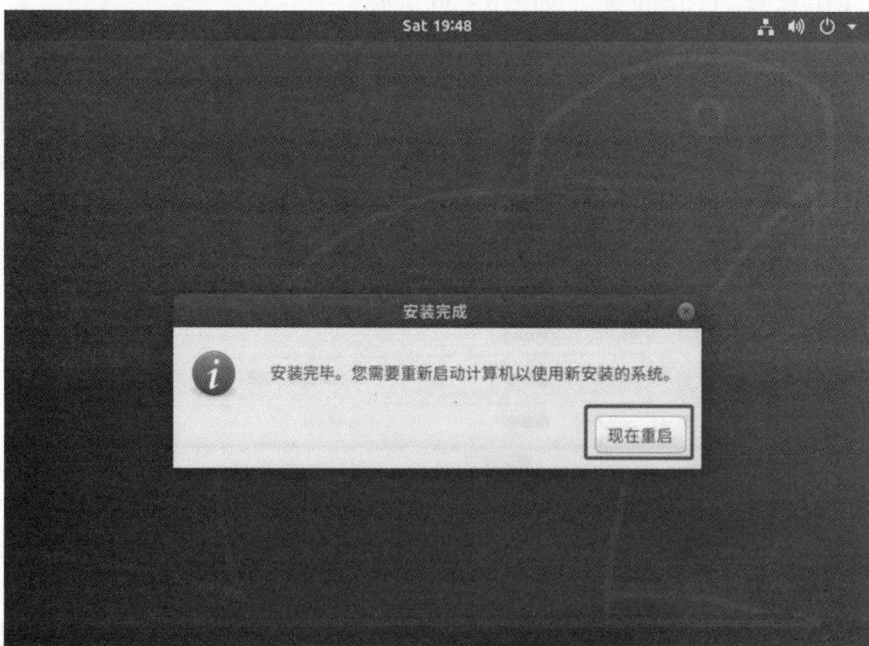

图 3 - 38　现在重启

（25）Ubantu 系统安装完成，如图 3 - 39 所示。

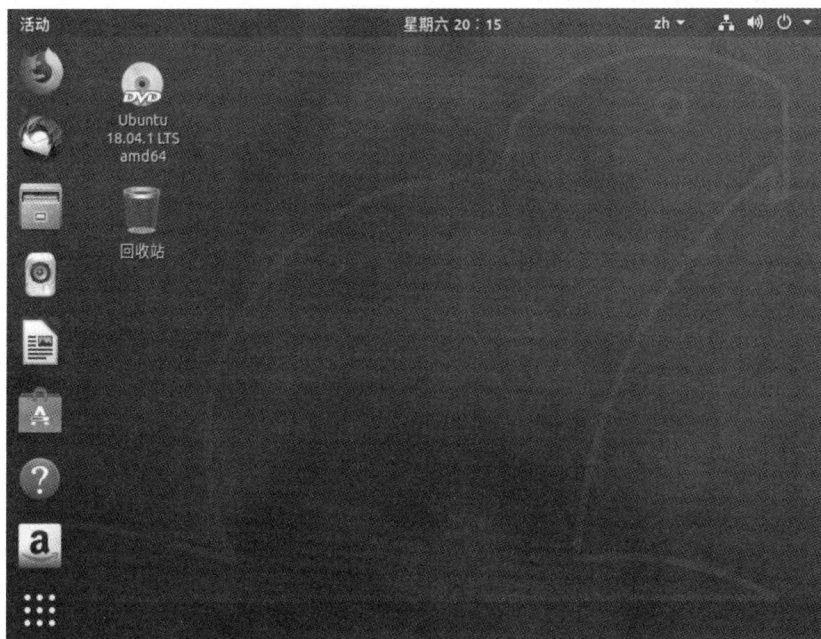

图 3 - 39　成功安装 Ubantu 系统

3.4　安装 Hadoop

Hadoop 安装的思路主要有搭建系统环境、配置 IP、主机名、设置 SSH 免密钥登录、配置 JDK 环境、安装部署 Hadoop 等步骤，如表 3 - 2 所示。

表 3 - 2　Hadoop 安装步骤

顺序	安装步骤	说明
1	克隆并启动虚拟机	三个虚拟节点为 Hadoop 的基本要求之一，所以必须先安装三个虚拟机
2	网络基本配置	桥接、NAT、仅主机上网模式
3	安装 JDK	因为 Hadoop 是使用 Java 开发的，所以必须安装 JDK
4	免密钥登录配置	Hadoop 必须通过 SSH 与本地计算机及其余主机连接，所以必须设置 SSH 免密钥登录
5	Hadoop 配置	在 Hadoop 的/user/local/hadoop/etc/hadoop 目录下，有很多配置文件，通过对这些文件的编辑来启用基本或更高级的功能
6	配置从节点	配置 Masters 和 Slaves 文件并向各节点复制
7	配置系统文件	启动 Hadoop 之前，必须先创建并格式化 HDFS 目录
8	启动 Hadoop 集群	全部设置完毕后启动 Hadoop，查看 Hadoop 相关进程是否启动

3.4.1　克隆并启动虚拟机

（1）Hadoop 集群分布式搭建时，可以先进行基础环境的搭建，比如 Java 环境、Scala 环境等的搭建，再对 Master 进行克隆，这样做可以节省很多时间。或者先在 Master 虚拟机上搭建所需要的相关环境后，再复制环境到其他虚拟机节点上。通过在各个物理节点安装 Hadoop 并运行，就可完成 Hadoop 集群分布式的安装。准备三个虚拟节点，虚拟节点要求为 Linux 系统，如 Ubuntu、CentOS、RedHat 等均可，因为之前设置了三个虚拟节点，故需要在 VMware Workstations Pro 环境下创建三个虚拟机且是 Linux 的系统。安装好第一个 Linux 之后，没有必要再重复创建，而将安装好的第一个虚拟机的整个系统目录复制，即可形成第二个及第三个虚拟机节点。将三个节点系统主机分别命名为 Master、Slave 1、Slave 2。

（2）修改 hosts 文件，将 IP 与主机名映射添加到每一台虚拟机的 hosts 文件中。配置 hosts 文件之前需要查看当前虚拟机节点的 IP 地址是多少，这一步的主要作用是用来确定每个节点的 IP 地址，方便以后快速访问每个节点。在终端中输入命令：sudo gedit /etc/hosts，进行如下编辑并保存，返回终端执行命令 source /etc/hosts（代码 3 – 1）。

代码 3 – 1

```
#127.0.0.1 本地回环地址
#192.168.152.128    Ubuntu 的 IP 地址
 192.168.152.100    Master
 192.168.152.101    Slave1
 192.168.152.102    Slave2
```

（3）关闭虚拟机，在 VMware 界面对 Master 进行克隆，克隆出两个节点 Salave 1 和 Slave 2。

（4）在每个机器上使用命令修改本机名称 sudo gedit /etc/hostname，分别为 Slave 1 和 Slaver 2。

（5）在每个机器的/etc/network/interfaces 中，按照指定机器的 IP 设置为固定 IP，分别为：192.168.152.100，192.168.152.101，192.168.152.102。

（6）对虚拟机进行重启，使相关配置生效。

3.4.2　网络基本配置

（1）在 VMware 中点击编辑—虚拟网络编辑器，打开虚拟网络编辑器。VMware 安装后，默认创建三个虚拟网络环境分别为 VMnet 0、VMwarenet 1 和 VMnet 8。类型分别为桥接模式、Host – only 模式和 NAT 模式。NAT 模式借助虚拟 NAT 和虚拟 DHCP 服务器，使得虚拟机可以联网。在 NAT 模式中，主机网卡直接与虚拟 NAT 设备相连，然后虚拟设备与 DHCP 虚拟服务器一起连接在 VMnet 8 上，这样就实现了虚拟机联网。通过选择 NAT 模式，可以实现 Ubuntu 的静态 IP 地址的配置。在 VMnet 8（NAT）下，点击更改设置，查看子网 IP，取消勾选"使用本地 DHCP 服务将 IP 地址分配给虚拟机"。这里的子网 IP 为 192.168.

152.0，子网掩码为 255. 255. 255. 0。同时设置三个虚拟机的 IP 地址 192. 168. 152. 100
（Master），192. 168. 152. 101（Slaver 1），192. 168. 152. 102（Slaver 2）。如图 3 –40 所示。

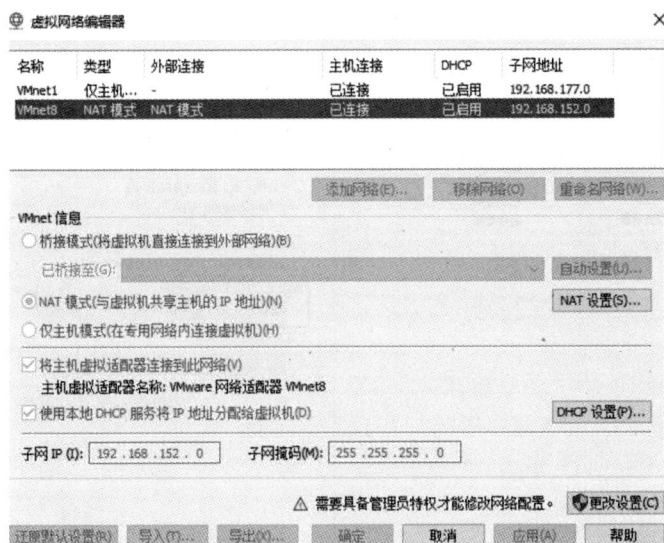

图 3 –40　虚拟网络编辑器

（2）点击 NAT 设置，查看网关，这里的网关是 192. 168. 152. 2，如图 3 –41 所示。

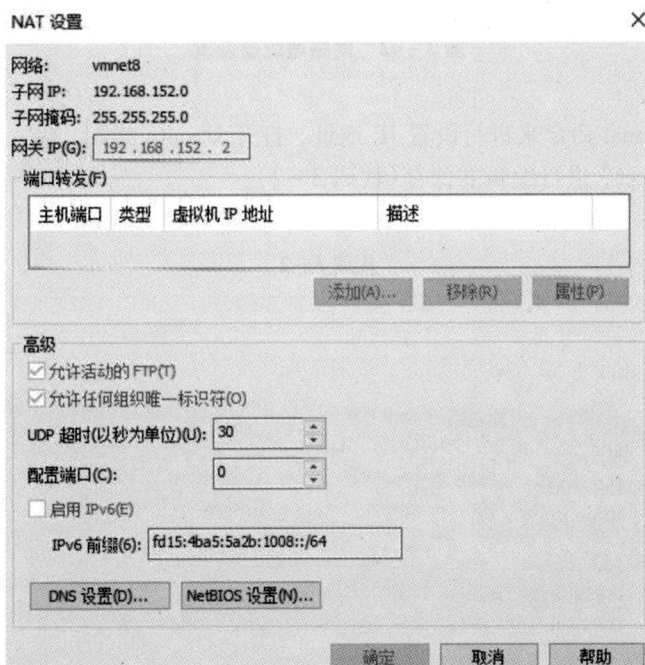

图 3 –41　NAT 设置

61

（3）右键点击自己建立的虚拟机，点击"设置"，选择网络适配器，确定网络连接选中的是"自定义"中的"VMnet8(NAT 模式)"。最后点击"确定"，开启虚拟机，如图 3 - 42 所示。

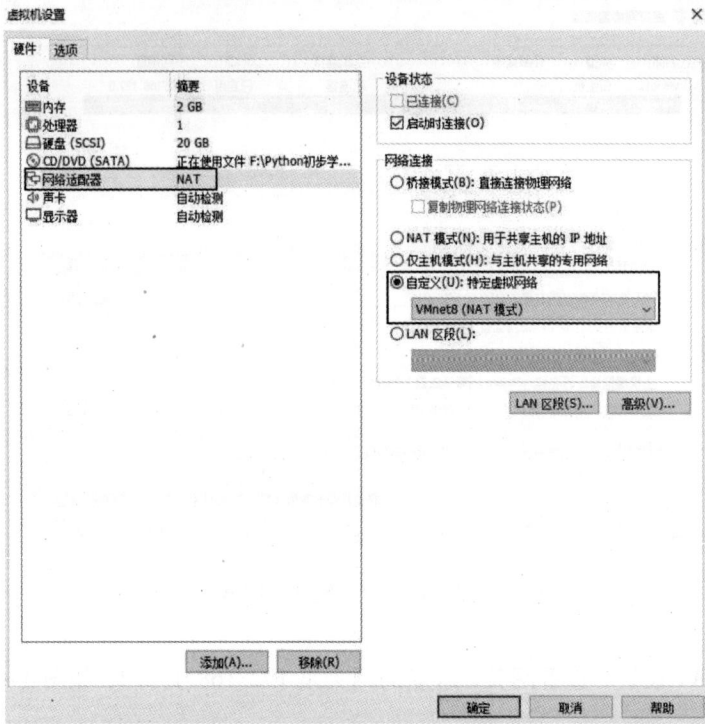

图 3 - 42　网络适配器设置

（4）通过 Terminal 命令来进行设置 IP 地址，打开 Ubuntu 终端，输入命令：sudo gedit/etc/network/interfaces，进行编辑并保存(代码 3 - 2)。

代码 3 - 2

```
auto lo
fiace lo inet loopback
auto ens33
iface ens33 inet static
address 192.168.152.100
netmask 255.255.255.0
gateway 192.168.152.2
dns - nameserver 223.5.5.5
```

（5）配置 DNS 服务器，在终端输入命令：sudo gedit /etc/resolve.conf，进行编辑并保存(代码 3 - 3)。

代码 3 - 3

```
nameserver   223.5.5.5
```

（6）重启虚拟机，查看是否能正常上网。若不能，有几种情况，分别为：①编写 interfaces 文件存在错误；②网卡端口号填写错误，使用 ifconfig 命令查看；③重启几次后仍然不能连接网络，检查/etc/resolve. conf 文件中 DNS 信息是否发生变化；④重启之后，网络图标显示"device not managed"，通过 sudo gredit /etc/networkmanager/nrtmanager. conf 命令打开并修改文件，将"managed = flase"改为"managed = true"，然后重启虚拟机。

3.4.3　安装 JDK

因为 Hadoop 是用 Java 开发的，所以必须先安装 Java 环境。

（1）启动"终端程序"，使用 Ubuntu 终端程序安装 Hadoop，点击快捷工具栏的"终端"程序图。

（2）查看 Java 版本，输入终端命令（代码 3 - 4）。

代码 3 - 4

```
> > > java – version
```

（3）通过终端获取最新软件包版本（代码 3 - 5）。

代码 3 - 5

```
> > > sudo apt – get update
```

（4）安装 JDK（代码 3 - 6）。

代码 3 - 6

```
> > > sudo apt – get install default – jdk
```

（5）再次查询 Java 版本及查询 Java 安装位置（代码 3 - 7）。

代码 3 - 7

```
java – version
update – alternatives – – display Java
```

3.4.4　免密钥登录配置

因为 Hadoop 是基于多台服务器的，所以启动 Hadoop 必须与节点(Data Node)连接，并管理这些节点。此时系统将要求用户提供密码，为了让系统运行的同时无须手动输入密码，可使用 SSH 设置为无密码登录。注意，无密码登录并非是没有密码，而是以事先交换的 SSH Key 来进行身份的验证。

Hadoop 使用 SSH(Secure Shell)连接的方式是目前较为可靠且专为远程登录其他服务器提供的安全协议，通过 SSH 协议可对所有传输的数据进行加密，也可以防止远程管理系统时信息外泄。

(1)在三台虚拟机中，使用命令安装 SSH：sudo apt – get install openssh – server。

(2)在 Master 节点上进行 SSH 配置。在 Ubuntu 系统中产生公钥与私匙对，使用 ssh – copy – id 将公钥复制到远程机器中，ssh – copy – id 将 Key 复制到远程机器的 ~/. ssh/ authorized_key 的文件中，在 Master 节点上执行命令(代码 3 – 8)。

代码 3 – 8

```
> > > su  root
> > > cd /root/. ssh
> > > ssh – keygen  – t rsa
> > > ssh – copy – id – I/root/. ssh/id_rsa. pub master
```

(3)将 Master 密匙添加到 Slaver 1 和 Slaver 2 上(代码 3 – 9)。

代码 3 – 9

```
> > > ssh – copy – id – i /root/. ssh/id_rsa. pub Slaver1
> > > ssh – copy – id – i /root/. ssh/id_rsa. pub Slaver2
```

(4)在 Master 上对 Slave 1 和 Slave 2 节点测试，看看是否可以进行免密匙登录(代码 3 – 10)。

代码 3 – 10

```
> > > ssh Slaver1( ssh root)@ Slaver1 )
```

3.4.5　Hadoop 配置

接下来，到 Hadoop 官网下载 Hadoop 64/32 bit(根据操作系统版本来定)，并且安装到 Ubuntu 中。

(1)下载二进制包 Hadoop – 2. 6. 5. tar. gz(代码 3 – 11)。

代码 3 – 11

```
> > > sudo apt – get update
> > > sudo apt – get install hadoop – 2. 6. 5. tar. gz
```

(2)解压并移动到/usr 目录(代码 3 – 12)。

代码 3 – 12

```
> > > mv hadoop – 2. 6. 5. tar. gz
> > > tar – zxvf hadoop – 2. 6. 5. tar. gz
```

(3)修改相应文件。修改/etc/profile,增加以下内容(代码 3 – 13)。

代码 3 – 13

```
export HADOOP_HOME = /usr/hadoop – 2. 6. 6
export PATH = $ PATH: $ HADOOP_HOME/bin: $ HADOOP_HOME/sbin
```

(4)在 Hadoop – 2. 6. 5 目录下添加目录(代码 3 – 14)。

代码 3 – 14

```
> > > mkdir tmp
> > > mkdir hdfs
> > > mkdir hdfs/name
> > > mkdir hdfs/data
```

(5)修改 $ HADOOP _ HOME[①]/etc/hadoop/hadoop – env. sh,修改 JAVA _ HOME(代码 3 – 15)。

代码 3 – 15

```
export Java_HOME = /usr/java/jdk1. 8. 0_201
```

(6)修改 $ HADOOP_HOME/etc/hadoop/slaves,将原来的 localhost 删除,添加以下内容(代码 3 – 16)。

---

① $ HADOOP_HOME 指 Linux 系统变量,本书其他类似内容也相同。

代码 3 – 16

```
Slaver1
Slaver2
```

（7）修改 $HADOOP_HOME/etc/hadoop/core – site. xml，修改为如下内容（代码 3 – 17）。

代码 3 – 17

```
< configuration >
    < property >
      < name > fs. defaultFS </name >
      < value > hdfs：//Master：9000 </value >
    </property >
      < name > io. file. buffer. size </name >
      < value > 131072 </value >
    </property >
    < property >
      < name > hadoop. tmp. dir </name >
      < value >/usr/hadoop – 2.6.5/tmp </value >
    </property >
</configuration >
```

（8）修改 $HADOOP_HOME/etc/hadoop/hdfs – site. xml（代码 3 – 18）。

代码 3 – 18

```
< configuration >
    < property >
      < name > dfs. namenode. secondary. http – address </name >
      < value > Msater：50090 </value >
    </property >
    < property >
      < name > dfs. replication </name >
      < value >2 </value >
    </property >
    < property >
      < name > dfs. namedode. name. dir </name >
      < value > file：/usr/hadoop – 2.6.5/hdfs/name </value >
    </property >
```

续代码 3 – 18

```
    < property >
      < name > dfs. datanode. data. dir </name >
      < value > file：/usr/hadoop – 2. 6. 5/hdfs/name/data </value >
    </property >
</configuration >
```

（9）在 $ HADOOP_HOME/etc/hadoop/目录下复制 template，生成 xml（代码 3 – 19）。

代码 3 – 19

```
cp mapred – site. xml. template mapred – site. xml
```

修改 $ HADOOP_HOME/etc/hadoop/mapred – site. xml（代码 3 – 20）。

代码 3 – 20

```
< configuration >
    < property >
      < name > mapred. framework. name </name >
      < value > yarn </value >
    </property >
    < property >
    < value > Master：10028 </value >
      </property >
      < property >
    < name > mapreduce. jobhistory. address </name >
    < vlalue > Master：19888 </value >
  </property >
</configuration >
```

（10）修改 $ HADOOP_HOME/etc/hadoop/yarn – site. xml（代码 3 –21）。

代码 3 – 21

```
< configuration >
  < property >
    < name > yarn. nodemanager. aux – services </name >
    < value > mapreduce_shuffle </value >
  </property >
```

续代码 3 – 21

```
    < property >
      < name > yarn. resourcemanager. address </ name >
      < value > Master：8032 </ value >
    </ property >
    < property >
      < name > yarn. resourcemanager. scheduler. address </ name >
      < value > Master：8030 </ value >
    </ property >
    < property >
      < name > yarn. resourcemanager. resource – tracker. address </ name >
      < value > Master：8031 </ value >
    </ property >
    < property >
      < name > yarn. resourcemanager. resource – admin. address </ name >
      < value > Master：8033 </ value >
    </ property >
    < property >
      < name > yarn. resourcemanager. resource – webapp. address </ name >
      < value > Master：8088 </ value >
    </ property >
  </ configuration >
```

3.4.6　配置从节点

（1）将配置好的环境拷贝到 Slaver 1 和 Slaver 2 节点上（代码 3 – 22）。

代码 3 – 22

```
> > > scp – r /usr/java root@ Slaver1：/usr
> > > scp – r /usr/scala – 2. 11. 8 root@ Slaver1：/usr
> > > scp – r /usr/hadoop – 2. 6. 5 root@ Slaver1：/usr
> > > scp – r /usr/spark – 2. 2. 3 – bin – hadoop2. 6 root@ Slaver1：/usr
> > > scp – r /usr/etc/profile root@ Slaver1：/etc/profile
> > > scp – r /usr/java root@ Slaver2：/usr
> > > scp – r /usr/scala – 2. 11. 8 root@ Slaver2：/usr
> > > scp – r /usr/hadoop – 2. 6. 5 root@ Slaver2：/usr
> > > scp – r /usr/spark – 2. 2. 3 – bin – hadoop2. 6 root@ Slaver2：/usr
> > > scp – r /usr/etc/profile root@ Slaver1：/etc/profile
```

（2）在每个节点上刷新环境配置：source/etc/profile。可以先使用 SSH 登录后再刷新（代码 3 - 23）。

代码 3 - 23

```
> > > ssh Slaver1
> > > source /etc/profile
> > > exit
> > > ssh Slaver2
> > > source /etc/profile
> > > exit
```

3.4.7 配置系统文件

（1）在"终端"程序中输入下列命令，创建 Name Node、Data Node 数据存储目录（代码 3 - 24）

代码 3 - 24

```
> > > sudo mkdir - p /usr/local/Hadoop/hadoop_data/hdfs/namenode
> > > sudo mkdir - p /usr/local/Hadoop/hadoop_data/hdfs/datanode
> > > sudo chown hduser: hduser - R /usr/local/hadoop
```

（2）格式化 Name Node（代码 3 - 25）。

代码 3 - 25

```
> > > hadoop namenode - format
```

3.4.8 启动 Hadoop 集群

完成 Hadoop 环境搭建后，在 Hadoop 环境的支撑下，启动 Hadoop 集群查看 Master、Slaver 节点的显示状况。

（1）启动 Hadoop 集群（代码 3 - 26）。

代码 3 - 26

```
> > >/usr/hadoop - 2. 6. 5/sbin/start - all. sh
```

(2)查看 Hadoop 是否启动成功，输入终端命令(代码 3 - 27)。

代码 3 - 27

```
> > >jps
Master：Secondary0，Resource Manager，NameNode
Slaver：Node Manager，DataNode
```

3.5　安装 Scala

Spark 支持 Scala、Java 和 Python 等语言，不过 Spark 本身使用 Scala 语言开发的，所以在 Spark 应用程序开发中，Scala 被认为是当前和 Spark 兼容得最好的语言。Scala 具备跨平台的能力，因为 Scala 可以编译 Java Bytecode 字节码，也就是说能在 JVM 上运行；Scala 可以使用丰富的 Java 开放码源，因为现有的 Java 链接库都可以使用；Scala 可以作为参数传递给其他函数，因为 Scala 是一种函数式语言；Scala 是一种面向对象的语言。接下来执行将 Scala 安装在 Master 虚拟机上的步骤。

(1)下载网址：http：//www. scala - lang. org/files/archive。

(2)在终端"终端"程序下载 Scala - 2.11.8(代码 3 - 28)：

代码 3 - 28

```
> > >wget http：//www. scala - lang. org/files/archive/ scala - 2.11.8. tgz
```

(3)将下载好的压缩包复制到 Java 文件夹下并解压，命令如下(代码 3 - 29)。

代码 3 - 29

```
> > >sudo tar - zxvf scala - 2.11.8. tgz
```

(4)把解压后的文件夹移到/usr/local 目录(代码 3 - 30)。

代码 3 - 30

```
> > >sudo mv scala - 2.11.8 /usr/local/scala
```

(5)在/etc/profile 内配置环境变量：gedit/etc/profile，添加如下信息(代码 3 - 31)。

代码 3 - 31

```
export SCALA_HOME = /usr/scala - 2. 11. 8
export PATH = $ PATH: SCALA_HOME/bin
```

（6）刷新环境配置，检测 Scala 版本信息（代码 3 - 32）。

代码 3 - 32

```
> > > source /etc/profile
> > > scala - version
```

3.6　安装 Spark

执行以上步骤后，已具备安装 Spark 的条件。进入 Spark 官网下载安装包，选择 "choose a package type"。注意，因为 Spark 会与 Hadoop 交互使用，须参照当前 Hadoop 版本进行选择。浏览器输入网址 https: //spark. apache. org/downloads. html，下载 Spark。

3.6.1　下载并解压 Spark 安装包

（1）下载二进制 spark - 2. 2. 3 - bin - Hadoop2. 6. tgz（代码 3 - 33）。

代码 3 - 33

```
> > > sudo apt - get install spark - 2. 2. 3 - bin - hadoop2. 6. tgz
```

（2）解压并移动到相应目录下，命令如下（代码 3 - 34）。

代码 3 - 34

```
> > > tar - zxvf spark - 2. 2. 3 - bin - hadoop2. 6. tgz
```

（3）修改/etc/profile，增加以下内容（代码 3 - 35）。

代码 3 - 35

```
export SPARK_HOME = /usr/spark - 2. 4. 0 - bin - hadoop2. 6/
export PATH = $ PATH: $ SPARK_HOME/bin
```

3.6.2　配置 spark – env. sh

(1)在 ＄SPARK_HOME/conf/目录下复制 spark – env. sh. templete 成 spark – env. sh

代码 3 – 36

```
> > > cp spark – env. sh. template saprk – env. sh
```

(2)修改 ＄SPARK_HOME/conf/spark – env. sh，添加如下内容(代码 3 – 37)。

代码 3 – 37

```
export SCALA_HOME = /usr/scala – 2. 11. 8
export JAVA_HOME = /usr/java/jdk1. 8. 0_201
export HADOOP_HOME = /usr/hadoop – 2. 6. 5
export SPARK_WORKER_MEMORY = 1g
```

3.6.3　配置 spark – defaults. conf

修改 SPARK – HOME/conf/spark – defaults. conf，修改或添加如下内容(代码 3 – 38)。

代码 3 – 38

```
export SCALA_CONF_DIR = /usr/hadoop – 2. 6. 5/etc/hadoop
```

3.6.4　配置 slaves

(1)在 ＄SPARK_HOME/conf/目录下复制 slaves. templete 成 slaves(代码 3 – 39)。

代码 3 – 39

```
> > > cp slaves. template slaves
```

(2)修改 ＄SPARK_HOME/conf/slaves，添加如下内容(代码 3 – 40)。

代码 3 – 40

```
Master
Slaver1
Slaver2
```

3.6.5　配置环境变量

Spark 源代码是使用 Maven 构建的，所以在编译之前需要下载一个 Maven。访问
maven. apache. org 下载 Maven 应用安装包。

（1）将安装包解压到指定目录下（代码 3 - 41）。

代码 3 - 41

```
> > > tar – zxvf apache – maven – 3. 3. 9 – bin. tar. gz
```

（2）配置 Maven 环境变量（代码 3 - 42）。

代码 3 - 42

```
> > > sudo gedit /etc/profile
```

添加如下内容（代码 3 - 43）。

代码 3 - 43

```
#maven
export MAVEN_HOME = /usr/apache – maven – 3. 3. 9
export PATH = \ $ PATH\ $ MAVEN_HOME/bin
export PATII = \ $ PATH: \ $ MAVEN_HOME/bin
```

（3）刷新环境配置（代码 3 - 44）。

代码 3 - 44

```
> > > source /etc/profile
```

（4）测试 Maven 是否安装成功：mvn – version。

（5）修改 Maven 安装目录下的 conf/settings. xml 文件中添加如下配置，目的是达到 JAR
下载加速的效果（代码 3 - 45）。

代码 3 – 45

```
< mirrors >
  < mirror >
  < id > alimaven </id >
  < name > aliyum maven </name >
  < url > http：//maven. aliyun. com/nexus/content/groups/pulic/ </url >
  < mirror > 0fcentral </mirror0f >
</ mirror >
```

3.7 启动 Spark

（1）在 Master 节点启动 Spark：执行/usr/spark – 2. 4. 0 – bin – hadoop2. 6/sbin/start – all. sh。

（2）查看 Spark 是否启动成功，命令：jps。

（3）Master 在 Hadoop 的基础上新增了 Master。

（4）Slaver 在 Hadoop 的基础上新增了 Worker。

（5）集群测试。在 Spark 启动成功后，执行 Spark 自带的一个例子，出现结果则为成功（代码 3 – 46）。

代码 3 – 46

```
> > > $ SPARK_HOME/bin/spark – submit – – class org. apache. spark. examples. SparkPi – – master
local /usr/spark – 2. 2. 3 – bin – hadoop2. 6/examples/jars/spark – examples_2. 11 – 2. 2. 3. jar(. /bin/run –
example org. apache. spark. examples. SparkPi)。
```

3.8 本章小结

本章主要介绍了 Spark 在虚拟机 VMware Workstation 环境与在云上的安装及配置。通过软件的安装和终端命令的执行，了解到 Spark 的集群部署需要先将软硬平台搭好，再实现集群的部署。首先进行了虚拟机的获取安装及虚拟网络的配置，然后是 Linux 操作系统的安装，最后是 Hadoop 和 Spark 的安装及环境配置，借助这些提供的条件完成 Spark 部署。

课后习题

1. 学习怎样安装 VMware Workstation 虚拟机。

2. 尝试在虚拟机安装操作系统，如 CentOS、Windows、Ubantu 等操作系统。

3. 学习一些在终端命令窗口使用的常用命令。如学习怎样在终端中复制、移动、删除一个文件。

4. 学习如何在终端中下载安装包。

5. 了解怎样在终端中配置、免密钥登录远程终端并掌握其原理。

6. 了解 Spark 四种部署模式的原理及应用场景。

第 4 章

理解 Spark 集群架构

为了运行在集群上，Spark Context 可以连接至几种类型的 Cluster Manager（既可以用 Spark 自己的 Standalone Cluster Manager，或者 Mesos，也可以使用 Yarn），它们会分配应用的资源。连接时，集群中节点上的 Executor 被 Spark 获取，同时这些进程可运行计算并为使用者的应用存储数据。随后，使用者的应用代码将被它发送（通过 JAR 或者 Python 文件定义传递给 Spark Context）至 Executor。最后，Task 通过被 Spark Context 发送到 Executor 运行，Spark 基本架构如图 4 - 1 所示。

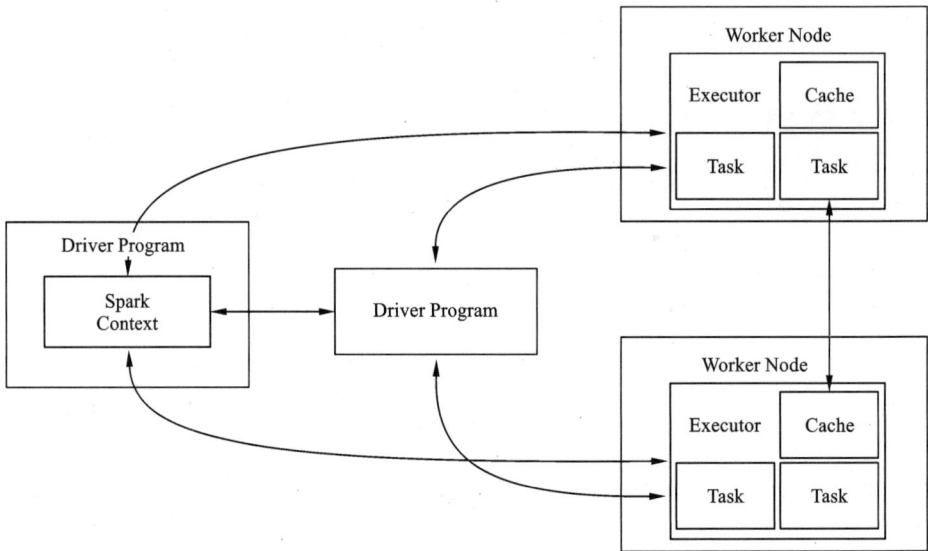

图 4 - 1　Spark 基本架构

4.1　Spark 应用中的常用术语

（1）Application：指用户编写的 Spark 应用程序，其中包括一个 Driver 功能的代码以及 Executor 代码。Executor 代码分布在集群中多个节点上运行。

（2）Driver：Spark 中的 Driver 即运行上述 Application 的 main（）函数并创建 Spark Context。创建 Spark Context 的目的是为了准备 Spark 应用程序的运行环境，由 Spark Context 负责与 Cluster Manager 通信，在 Spark 中进行资源申请、任务的分配和监控等；当 Executor 部分完成运行时，Driver 同时负责将 Spark Context 关闭。通常用 Spark Context 代表 Driver。

（3）Executor：某个 Application 运行在 Worker 节点上的一个进程，该进程负责运行某些 Task，并负责将数据存到内存或磁盘中。每个 Application 都有各自独立的一批 Executor，在 Spark on Yarn 模式下，其进程名称为 Coarse Grained Executor Backend。一个 Coarse Grained Executor Backend 有且仅有一个 Executor 对象，负责将 Task 包装成 Task Runner，并从线程池中抽取一个空闲线程运行 Task，每个 Coarse Grained Executor Backend 可以并行运行的 Task 数量取决于分配给它的 CPU 个数。

（4）Mater：主要是控制、管理和监督整个 Spark 集群。

（5）Client：将用应用程序提交的客户端，记录着业务运行逻辑和 Master 通信。

（6）Spark Context：Spark 应用程序的入口，负责调度各种计算资源并协调每个 Work Node 上的 Executor。它主要是一些记录信息，如记录谁操作的、如何操作等。这就是为什么编程时必须要创建一个 Spark Context。

（7）RDD：Spark 的核心数据结构，可由一系列运算符进行操作。当 RDD 遇到 Action 运算符时，之前的运算符都会形成一个有向无环图（DAG），再在 Spark 中转化成为 Job，提交到集群执行。一个 App 可以包含多个 Job。

（8）Cluster Manager：在集群上获取资源的外部服务。目前有如下三种类型。

①Standalone：Spark 原生的资源管理，由 Master 负责资源的分配；

②Apache Mesos：具有与 Hadoop MR 良好兼容性的资源调度框架；

③Hadoop Yarn：主要是指 Yarn 中的 Resource Manager。

（9）Worker：集群的工作节点，即可运行 Application 代码的节点，从 Master 接收命令并获取运行任务，同时将执行进度和结果汇报给 Master，并在该节点上运行一个或多个 Executor 进程。

（10）Job（工作）：包含多个 Task 组成的并行计算，通常由 Spark Action 生成。多个 Job 通常在一个 Application 中产生。

（11）Stage（阶段）：每个 Job 都会分为多组 Task，作为一个 Task Set，其名称为 Stage。DAG Scheduler 负责 Stage 的划分和调度，Stage 有非最终的 Stage（Shuffle Map Stage）和最终的 Stage（Result Stage）两种，Stage 的边界就是发生 Shuffle 的地方。

（12）Task（任务）：被送到某个 Executor 上的工作单元，但 Hadoop MR 中的 Map Task 和 Reduce Task 概念一样，是运行 Application 的基本单位，多个 Task 组成一个 Stage，而 Task 的调度和管理等由 Task Scheduler 负责。

（13）DAG Scheduler：根据 Job 构建基于 Stage 的 DAG，并将 Stage 提交给 Task Scheduler。根据 RDD 之间的依赖关系划分 Stage，以找出成本最低的调度方法，如图 4 - 2 所示。

（14）Task Scheduler：将 Task Set 提交给 Worker 运行，每个 Executor 在此运行分配指定

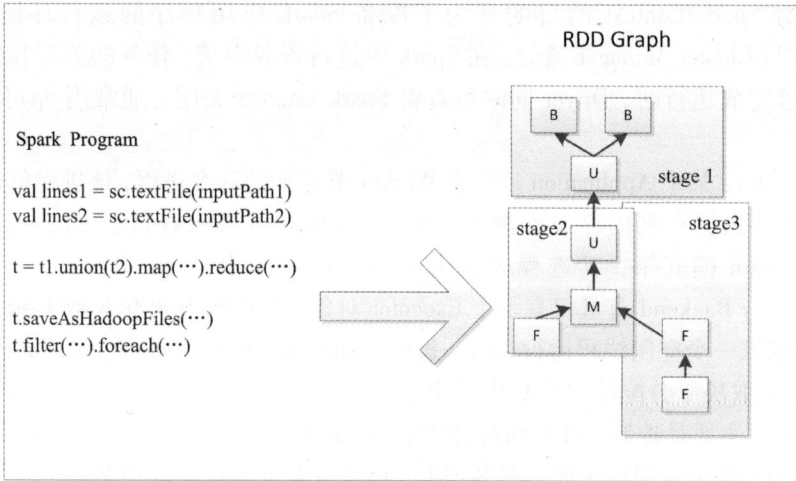

图 4 - 2　划分 Stage 原理图

的 Task。Task Scheduler 维护所有 Task Set，当 Executor 向 Driver 发生心跳时，Task Scheduler 会根据资源剩余情况分配相应的 Task。另外 Task Scheduler 还维护着所有 Task 的运行标签，重试失败的 Task。图 4 - 3 展示了 Task Scheduler 的作用。

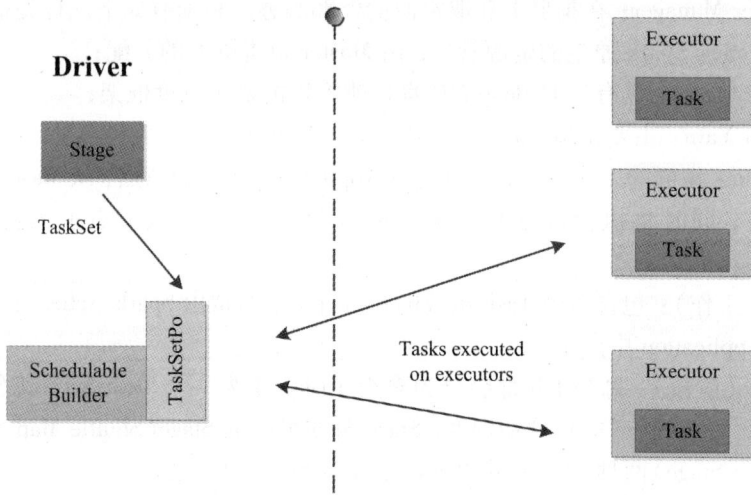

图 4 - 3　Task Scheduler 的作用

　　将这些术语串起来的运行层次图如图 4 - 4 所示。一个 Application 由一个或是多个 Job 组成，Job = 多个 Stage，Stage = 多个同种 Task；Task 分为 Shuffle Map Task 和 Result Task，Dependency 分为 Shuffle Dependency 和 Narrow Dependency。

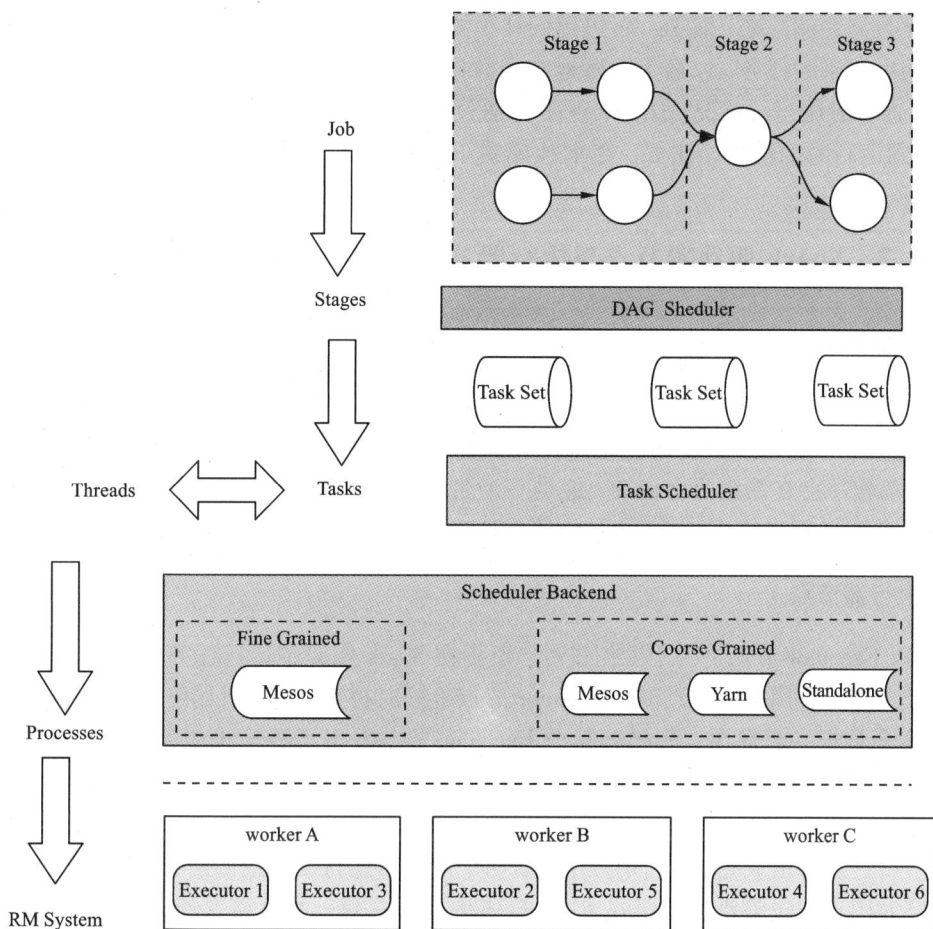

图 4 - 4　运行层次图

4.1.1　Spark 驱动器

执行 Spark 作业时，驱动器主要负责以下操作。

（1）把用户程序转为任务：Driver 程序负责将用户程序转为物理执行的多个单元，即任务（Task）。从顶层开始，Spark 的工作流程为：首先读取或转化数据以创建一系列 RDD，接着使用转化操作生成新的 RDD，最后使用行动操作获取结果或将数据存储到文件存储系统中。Spark 程序其实是隐式创建由上述操作组成的逻辑有向无环图。当 Driver 序运行时，它将逻辑图转为物理执行计划。

（2）跟踪执行器的运行状况：在制订物理执行计划的情况下，Driver 程序必须协调各个 Executor 之间的任务调度。Executor 程序进程启动后，会向 Driver 进程进行注册。因此，Driver 进程可以跟踪 Application 程序中所有 Executor 节点的运行信息。

（3）为执行器节点调度任务：Driver 程序根据当前的 Executor 节点集，尝试根据数据位置将所有 Task 分配给合适的 Executor 进程。当 Executor 进程在执行 Task 时，Executor 进程会把缓存数据存储起来；而 Driver 进程同样也跟踪这些缓存数据的位置，并且使用该位置信息来调度将来的任务，以最大限度地减少数据的网络流量。

（4）查看应用运行状况：Driver 程序将通过 Web 界面（某些端口默认 4040）显示一些 Spark 应用运行时的信息。比如，在本地模式下，访问 http：//localhost：4040 就可以看到这个网页了。

4.1.2　Spark 驱动器节点与执行器节点

1. 驱动器节点

Spark 的驱动程序 Driver 是执行开发程序中的 main 方法的进程。它负责创建 Spark Context、RDD，并执行 RDD 的转化操作和操作代码的执行。当启动 Spark Shell 时，一个 Driver 驱动程序会在系统后台启动，这是一个名为 sc 的 Spark Context 对象在 Spark Shell 中预加载。若驱动程序终止，则 Spark 应用程序也就终止。

2. 执行器节点

Spark Executor 节点是一个工作进程，负责在 Spark 作业中运行任务，且任务之间相互独立。当 Spark 应用程序启动时，Executor 节点也同时被启动，并且始终与整个 Spark 应用程序的生命周期一起存在。假如有某个 Executor 节点发生了故障或崩溃，Spark 应用程序也可继续执行，故障节点上的任务将被分配给其他 Executor 节点并继续运行。执行程序通常在专用的进程中运行。执行进程有以下两大目的。

（1）负责运行组成 Spark 应用程序的任务，然后将运行结果返回给驱动进程；

（2）为用户程序中要求缓存的 RDD 提供内存式存储，而这需要通过自身的块管理器（Block Manager）进行缓存。之所以任务可以充分利用缓存的数据在运行时加速运算，是因为 RDD 是直接缓存在 Executor 进程中的。

4.1.3　Spark 主进程与集群管理器

Spark 设计的目的是高效地将计算从一个计算节点扩展到数千个计算节点。Spark 支持多个集群管理器（Hadoop Yarn、Apache Mesos）以及 Spark 自带的独立调度器。系统目前支持三个集群管理器。

（1）Apache Mesos：一个通用的集群管理器，还可以运行 Hadoop MapReduce 和服务应用程序；

（2）Hadoop Yarn：Hadoop 2.0 中的资源管理器；

（3）Standalone：Spark 中包含的一个简单集群管理器，可以轻松地设置集群。

4.2　使用独立集群的 Spark 应用

针对独立部署的集群，Spark 目前支持两种部署模式。在 Client 模式下，Driver 启动进程与客户端提交应用程序进程相同。Cluster 模式下，Driver 在集群的某个 Worker 进程中启动，只有客户端进程完成了提交任务，才会退出，而不会在应用程序完成之前退出。若通过 Spark Submit 启动应用程序，应用程序 JAR 文件将自动分发到所有的 Worker 节点。至于应用程序所依赖的其他 JAR 文件，应该用－－jars 符号来指定（例如，－－jars jar1，jar2）。

此外，Cluster 模式支持自动的重启应用程序（如果程序以非零的退出码退出）。可以在启动应用程序时，将－－Supervise 符号传递到spark－submit。在打包应用程序后，就可以使用 spark－submit 脚本提交和启动应用程序。应用程序运行所需的属性配置可以通过命令行参数和默认属性配置文件./conf/spark－defaults.conf 来提供。使用如下命令提交 Application 的命令，并且后面的所有相关信息都基于该命令。

spark－submit 用于解析参数、处理设置类路径和相关的 Spark 依赖项，它是启动 Spark 应用程序的网关，它在不同的集群管理器和 Spark 支持的发布模式之上提供一个层。spark－submit将调用 Prepare Submit Enviromeny 方法准备运行环境，并返回用户类的启动参数、类路径、系统属性和子主类。子主类就是上面提供的层，对应于应用程序的 Driver Client；集群管理器和发布模式决定具体使用哪个 Driver Client。

（1）假如是 Client 发布模式，则在 Spark Submit 运行的线程直接启动用户类。

（2）假如是 Spark 独立集群，并且是 Cluster 发布模式：

①为了启动用户类，通常使用传统的 RPC 提交网关 org.apache.spark.deploy.Client 作为用户类的包装器；

②Spark 1.3 版本后，在默认情况下 Spark 可以使用 Rest 客户端来提交应用程序，此时所有的 Spark 参数都将通过 System Properties 传递给客户端，并且 Child Main Class 为 org.apache.spark.deploy.rest.Rest Submission Client（若用户没有在 Master 上启动 Rest 端点服务器，则使用传统 RPC 提交）。

（3）假如是 Yarn 集群，则通过 org.apache.spark.deploy.yarn.Client 来提交启动用户类。

（4）假如是 Mesos 集群，则只支持使用 Rest 客户端提交应用程序申请。

4.3　在 Yarn 上运行 Spark 应用

首先，要确保 HADOOP_CONF_DIR 或 YARN_CONF_DIR 指向的目录包含 Hadoop 集群的（客户端）配置文件。这些配置用于将数据写到 DFS 并连接到 Yarn Resource Manager。其中有两种部署模式可以用来在 Yarn 上启动 Spark 应用程序。在 Yarn－Cluster 模式下，Spark Driver 运行在 Application Master 进程中运行，此进程被集群中的 Yarn 管理，在初始化应用程序之后客户端会被关闭。Cluster 模式不太适合使用 Spark 进行交互式操作。

在 Yarn－Client 模式，Driver 运行在客户端进程中，Application Master 仅仅用于向 Yarn

请求资源。与 Spark 单模式以及 Mesos 模式不同，在这些模式中，Master 的地址由"Master"参数指定；但是在 Yarn 模式中，Resource Manager 的地址从 Hadoop 配置获取，所以 Master 参数是简单的 Yarn – Client 和 Yarn – Cluster。

4.3.1　Resource Manager 作为集群管理器

Spark 的集群管理器主要分为三种：

（1）自带的 Standalone 独立集群管理器；

（2）依赖于 Hadoop 的资源调度器 Yarn；

（3）Apache 项目的 Mesos 集群管理器。

Spark 基于"一个技术栈满足不同应用场景"的理念，提供了一个强大的技术栈，实现了一体化、多元化的大数据处理平台，能够轻松应对大数据处理的查询语言如 Spark SQL、机器学习工具 MLlib、图计算工具 Graphx、实时与处理工具 Spark Streaming 等的无缝连接。

Spark 习惯通过集群管理器启动 Executor 节点，某些时候也会通过集群管理器来启动 Driver 节点。Spark 中的集群管理器是可插拔式组件。

与 Driver 节点和 Executor 节点的概念完全不一样，主节点（Master）和从节点（Slave）是在集群管理器中特有的概念，其中 Master 节点在集群管理器中主要负责接收客户端发送的应用，负责调度资源以及跟踪 Slave 节点的运行状况等。在集群管理器中，Slave 节点主要负责启动一些任务进程，提供应用程序执行所需文件和资源等。也就是说，Driver 和 Executor 是运行在 Slave 节点上的。如 Yarn，其 Master 节点是 Resource Manager，Slave 节点是 Node Manager；当用户提交应用到 Yarn 上时，Resource Manager 会在一个 Node Manager 中启动 Driver 节点，并向 Resource Manager 注册，同时申请资源，通过在其他的 Node Manager 中启动相应的 Executor 节点来执行对应的运行任务。

4.3.2　Application Master 作为 Spark 主进程

在 Yarn – Cluster 模式下，Spark Driver 运行在 Application Master 进程中的有如下内容。

（1）在 Yarn – Cluster 模式下启动 Spark 应用程序：启动 Yarn 客户端程序并启动默认的 Application Master，使 Spark Pi 作为 Application Master 的子线程运行。客户端按时咨询 Application Master 后在控制台上显示状态更新结果，客户端会在应用程序运行结束之后立即退出。

（2）在 Yarn – Client 模式下启动 Spark 应用程序，运行 Shell 脚本：Yarn – Cluster 模式中，Driver 运行在不同的机器上，所以离开保存于本地客户端的文件后，Spark Context. add Jar 将停止运行。启动命令中加上 – – Jars 选项的目的是为了让 Spark Context. add Jar 用到保存在客户端的文件。

注意：在 Hadoop 2.2 版本前，Yarn 不支持容器核的资源请求，所以在运行早期的版本时，使用命令行参数指定的核的数量不能传递给 Yarn。在调度决策中，核请求是否实现由使用哪个调度器以及如何配置调度器同时决定。Spark Executors 使用的本地目录是 Yarn 配置（Yarn. Node Manager. Local. Dirs）的本地目录，如果用户指定了 Spark. Local. Dir，它将被忽略。例如，能够指定 – – files local test. text#app Sees. txt，上传在本地命名为 local test. txt

的文件到 HDFS，但是将会链接为名称 app Sees. txt。当 Application 运行在 Yarn 上时，要通过 App Sees. txt 引用该文件；如果在 Yarn – Cluster 模式下运行 Spark Context. add Jar，并且用到了本地文件，则 – – Jars 选项允许 Spark Context. add Jar 函数能够工作。如果正在使用 HDFS、Http、Https 或 Ftp，则不需要用到该选项。

4.4　在 Yarn 上运行 Spark 应用的部署模式

Spark on Yarn 模式通过 Driver 在集群中的位置具体划分为两种模式：一种是 Yarn – Client 模式，另一种是 Yarn – Cluster。在不同运行模式中任务调度器具体模式如下。

（1）Yarn – Client 模式为 Yarn Client Cluster Scheduler；

（2）Yarn – Cluster 模式为 Yarn Cluster Scheduler。

Yarn Cluster 模式和 Yarn Client 模式的主要区别：

（1）在 Yarn – Client 模式中，采用 Driver 在客户端本地运行的模式使得 Spark Application 可以和客户端进行交互，因为 Driver 在客户端，所以可以通过 Web UI 访问 Driver 的状态，默认是 http：//hadoop1：4040 访问；而 Yarn 通过 http：// hadoop1：8088 访问。

（2）在 Yarn – Cluster 模式中，应用程序（包括 Spark Context）都是作为 Yarn 框架所需要的 Application Master，在 Yarn Resource Manager 为其分配的一个随机节点上运行；用户向 Yarn 中提交一个 Application 程序后，Yarn 将分两个步骤运行该 Application 程序。

①把 Spark 的 Driver 作为一个 Application Master 在 Yarn 集群中先启动；

②由 Application Master 创建应用程序，并且向 Resource Manager 申请资源，随后启动 Executor 来运行 Task，同时监控程序的整个运行过程，直到运行结束。

Yarn – Client 的工作流程如下。

步骤一：Spark Yarn Client 向 Yarn 的 Resource Manager 申请启动 Application Master。同时在 Spark Content 初始化中创建 Dags Scheduler 和 Task Scheduler 等，由于选择的是 Yarn – Client 模式，程序会选择 Yarn Client Cluster Scheduler 和 Yarn Client Scheduler Backend。

步骤二：Resource Manager 接收请求后，在集群中选择一个 Node Manager 为该应用程序分配第一个 Container，要求它在这个 Container 中启动应用程序的 Application Master。与 Yarn – Cluster 区别在于 Application Master 不运行 Spark Context，只与 Spark Context 进行联系并分派资源。

步骤三：Client 中的 Spark Context 初始化完毕后，与 Application Master 建立通信，向 Resource Manager 注册，根据任务信息向 Resource Manager 申请资源（Container）。

步骤四：一旦 Application Master 申请到资源（也就是 Container），便与对应的 Node Manager 通信，要求它在获得的 Container 中启动 Coarse Grained Executor Backend，Coarse Grained Executor Backend 启动后会向 Client 中的 Spark Context 注册并申请 Task。

步骤五：Client 中的 Spark Context 分配 Task 给 Coarse Grained Executor Backend 执行，Coarse Grained Executor Backend 运行 Task 并向 Driver 汇报运行的状态和进度，好让 Client 动态了解各个 Task 的运行状态，以便系统在任务失败时能够重新启动。

步骤六：应用程序运行结束之后，Client 通过 Spark Context 向 Resource Manager 申请注销，停止运行。

Yarn - Client 模式流程如图 4 - 5 所示。

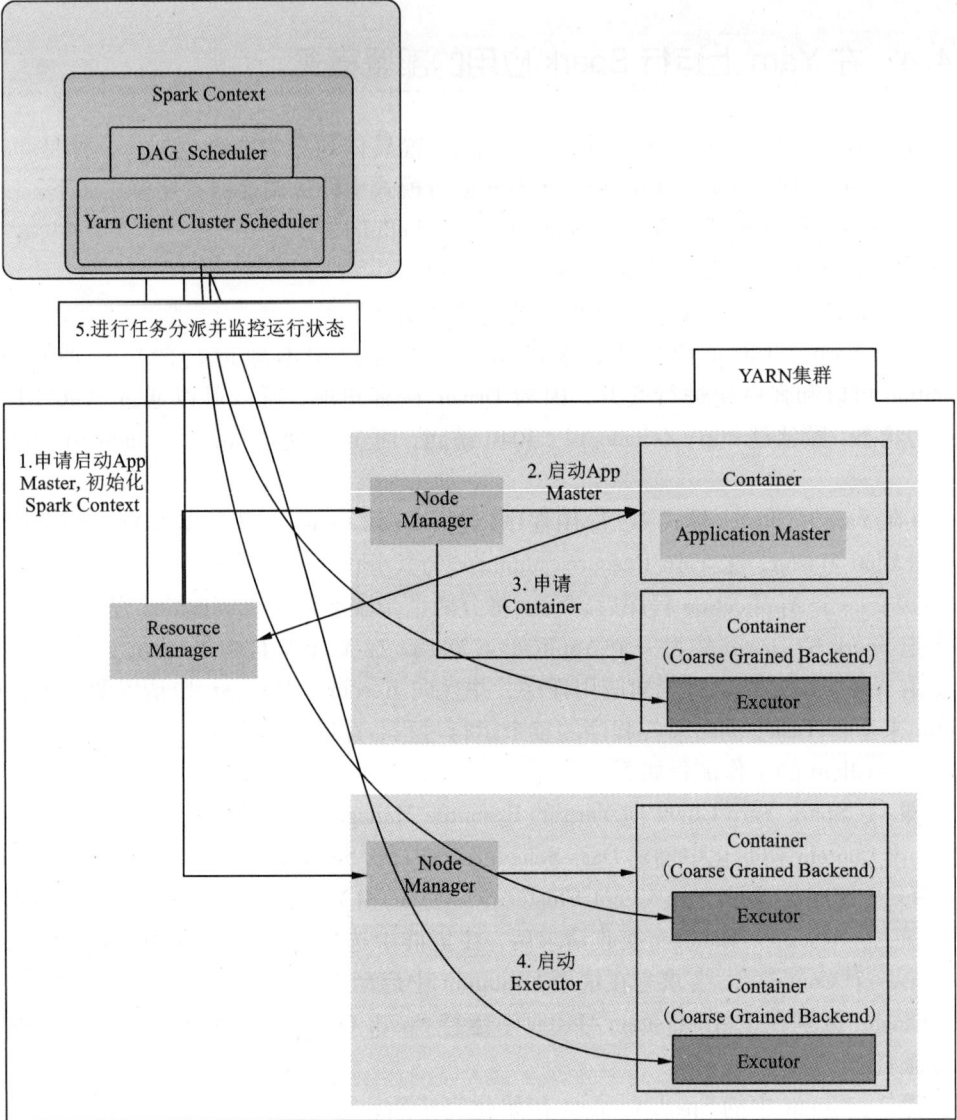

图 4 - 5　Yarn - Client 的工作流程

Yarn - Cluster 模式下，用户向 Yarn 提交一个 Application 程序后，Yarn 将分两个步骤运行该 Application 程序。

第一步，把 Spark 的 Driver 作为一个 Application Master 在 Yarn 集群中先启动；

第二步，由 Application Master 创建应用程序，然后向 Resource Manager 申请资源，并启

动 Executor 运行 Task，同时在运行完毕之前监控它的整个运行过程。

Yarn – Cluster 的工作流程如下。

步骤一：Spark Yarn Client 向 Yarn 中提交应用程序，包括 Application Master 程序、启动 Application Master 的命令、需要在 Executor 中运行的程序等。

步骤二：Resource Manager 接收到请求后，在集群中选择一个 Node Manager 以便为该应用程序分配第一个 Container，要求它在这个 Container 中启动应用程序的 Application Master，其中 Application Master 进行 Spark Context 等的初始化。

步骤三：Application Master 通过使用 Resource Manager 完成注册，这样用户就可以直接通过 Resource Manage 查看应用程序的运行状态，同时它为了给各个任务申请资源，将通过 RPC 协议采用轮询的方式完成查询，并在运行结束之前全程监控它们的运行状态。

步骤四：一旦 Application Master 申请到资源（也就是 Container），便与对应的 Node Manager 通信，要求它在获得的 Container 中启动 Coarse Grained Executor Backend，并向 Application Master 中的 Spark Context 注册、申请 Task。这一点和 Standalone 模式一样，只不过 Spark Context 在 Spark Application 中初始化时，使用 Coarse Grained Scheduler Backend 配合 Yarn Cluster Scheduler 进行任务的调度，其中 Yarn Cluster Scheduler 只是对 Task Scheduler Impl 的简单包装，增加了对 Executor 的等待逻辑等。

步骤五：Application Master 中的 Spark Context 分配 Task 给 Coarse Grained Executor Backend 执行，Coarse Grained Executor Backend 运行 Task 并向 Application Master 汇报运行的状态和进度，以便让 Application Master 动态了解各个任务的运行状态，从而在任务失败时能够重新启动任务。

步骤六：应用程序运行完成后，Application Master 向 Resource Manager 申请注销并停止运行。

4.4.1　客户端模式

与独立集群管理器相同，将应用连接到集群的模式有两种：客户端模式和集群模式。在客户端模式下，应用的 Driver 程序运行在提交应用的机器上（如笔记本电脑）；在集群模式下，Driver 程序也运行在一个 Yarn 容器内部。用户能够通过 spark　submit 的 Master 标记的 Yarn – Client 和 Yarn – Cluster 参数设置不同的模式。

Spark 通过 Driver 进程负责应用的解析，切分 Stage 并且调度 Task 到 Executor 执行。Driver 进程有以下两个运行地点：①为了对应用进行管理监控 Driver 进程运行在 Client 端；②为了监控整个应用的执行，Master 节点指定某个 Worker 节点启动 Driver 进程。

Drive 运行在 Client 时，工作流程如下。

步骤一：Driver 在 Client 启动之前，计划好调度任务的策略和方式（DAG Scheduler），然后向 Master 注册并申请运行 Executor 的资源。

步骤二：Worker 向 Master 注册，Master 通过指令让 Worker 启动 Executor。

步骤三：Worker 收到指令后创建 Executor Runner 线程，进而 Executor Runner 线程启动 Executor Backend 进程。

步骤四：Executor Backend 启动后，向 Client 端 Diver 进程内的 Scheduler Backend 注册，

这样 Driver 进程就可以发现计算资源了。

步骤五：Driver 的 DAG Scheduler 解析应用中的 RDD DAG 并生成相应的 Stage，每个 Stage 包含的 Task Set 通过 Task Scheduler 分配给 Executor，在 Executor 内部并行化执行 Task，同时 Driver 会随时密切监控，假如发现哪个 Executor 执行效率低，Driver 会分配其他 Executor 顶替执行。

步骤六：Driver 确定计划中的所有 Stage 被执行完毕后，即向 Master 汇报，同时各个 Worker 向 Driver 汇报后要释放资源。因 Driver 在 Client 上，应用的执行进度 Client 也会知道。

图 4 - 6 为 Drive 运行在客户端模式。

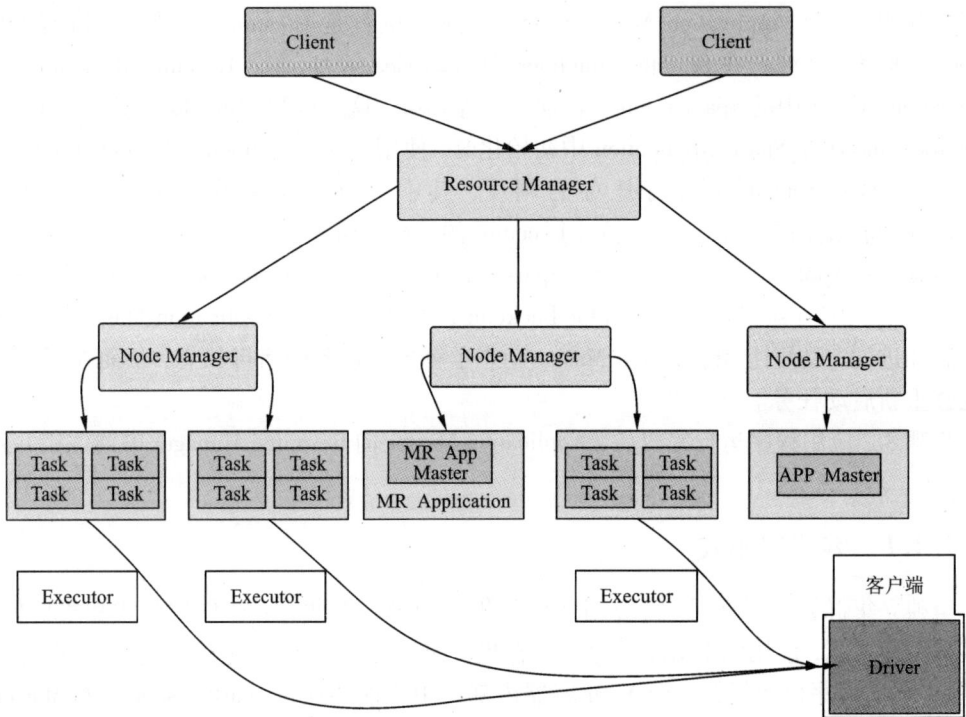

图 4 - 6　Drive 运行在客户端模式

4.4.2　集群模式

目前，Spark 支持三种分布式部署模式，分别是 Standalone、Mesos 和 Yarn。其中，第一种类似于 Map Reduce 1.0 所采用的模式，在内部实现了容错与资源管理，后两者则是未来的发展趋势，让 Spark 在与其他计算框架(例如 Map Reduce)共享群集资源的公共资源管理系统上运行，具有减少运营成本和提高资源利用率(按需分配资源)的最大好处。接下来的内容将描述三种部署模式，并比较它们的优缺点。

1. Standalone 模式

Standalone 模式即具有完整服务的独立模式，可以在不依赖任何其他资源管理系统的情况下将其部署到集群。在某种程度上来说，这种模式是其他两种模式的基础。将 Spark Standalone 与 Map Reduce 进行比较，会发现两者在架构上是相同的。

（1）两种架构都是由 Master/Slaves 服务组成的，并且 Master 最初均存在单点故障问题，后来都是通过 Zookeeper 解决（Apache MRv1 的 Job Tracker 仍然有单点故障问题，不过 CDH 版本已经得到了解决方法）；

（2）每个节点上的资源都被抽象为粗粒度的 Slot，并且 Slot 的数量决定了能够同时运行 Task 的数量。

不同之处在于：Map Reduce Slot 可以分为 Map Slot 和 Reduce Slot，它们只能分别用于 Map Task 和 Reduce Task，而不能共享，这就是 Map Reduce 资源利率偏低的原因之一；Spark 不区分 Slot 类型，使用单一的 Slot 用于各种类型的 Task，这种方式可以提高资源利用率，但不够灵活，不同类型的 Task 不能自定义 Slot 资源。简而言之，两种方式各有优缺点。

2. Spark on Mesos 模式

Spark 是在考虑支持 Mesos 的情况下开发的，所以 Spark 在 Mesos 上运行会比在 Yarn 上运行更加灵活自然，这是大多数企业级应用采用的模式，也是官方推荐的模式。在 Spark on Mesos 环境下，用户可以选择以下两种调度模式来运行应用程序。

（1）粗粒度模式（Coarse - Grained Mode）：每个应用程序运行环境由一个 Driver 和多个 Executor 组成，其中，每个 Executor 占用大量资源，内部可运行多个 Task（对应多个 Slot）。在正式运行应用程序的每个任务之前，需要申请正在运行的环境中的所有资源，并且在运行过程中始终占用这些资源（即使不用），最后在应用程序运行结束后恢复这些资源。例如，开发人员提交应用程序时，指定将使用 5 个 Executor，每个 Executor 占用 5 GB 内存和 5 个 CPU，每个 Executor 内部设置了 5 个 Slot 来运行应用程序，则 Mesos 需要先给 Executor 分配资源并在调度任务之前启动。此外，在程序运行期间，Mesos 的 Master 和 Slave 都不知道 Executor 内部每个 Task 的运行状态，Executor 通过内部通信机制直接将任务状态汇报给 Driver，在某种程度上，可以认为各个应用程序都通过 Mesos 设置了一个虚拟集群供自己使用。粗粒度模式会造成部分资源的闲置与浪费。

（2）细粒度模式（Fine - Grained Mode）：该模式的思想是按需分配资源。与粗粒度模式相同，在应用程序启动之前，会首先启动 Executor，但是每个 Executor 仅仅只占有自己运行所需的资源，不考虑将来要运行的任务；Mesos 为每个 Executor 动态分配资源，每分配一点，就能够运行一个新 Task，而且单个 Task 可以在运行结束之后立即释放相应的资源。为了更加细粒度管理和容错，每个 Task 都会将自己的状态报告给 Mesos Slave 和 Mesos Master。这种调度模式与 Map Reduce 调度模式类似，Task 间彼此完全独立，有利于对资源进行控制和隔离，但也存在明显的缺点，比如说短作业运行延迟较大。

3. Spark On Yarn 模式

这是一种很有前景的部署模式,但限于 Yarn 自身的发展,由于 Yarn 上的 Container 资源是不可以动态分配的,因此目前该模式仅支持粗粒度模式,一旦 Container 启动之后,可使用的资源不再发生变化。

Spark on Yarn 支持两种模式。

(1)Yarn – Cluster:适用于生产环境;

(2)Yarn – Client:适用于交互以及调试,可立即看到应用程序的输出。

Yarn – Cluster 和 Yarn – Client 的区别在于 Yarn App Master 的不同。Yarn App 的每个实例都有一个 App Master 进程,这是为该 App 启动的第一个 Container,它负责从 Resource Manager 请求资源,并获取资源,然后告诉 Node Manager 为其启动 Container。Yarn – Cluster 和 Yarn – Client 模式之间的内部实现有很大的差异,如果需要在生产环境中使用,务必选择 Yarn – Cluster 模式,但如果仅仅是一个调试或简单应用程序,则可以选择 Yarn – Client 模式。

Spark 支持的各种集群管理器提供了面向多种用于部署应用程序的选择,如果需要从零开始部署并且需要权衡各种集群管理器,则有如下几点建议。

(1)如果从零开始构建,则应该选择独立集群管理器。独立模式最容易安装,而且如果仅仅使用 Spark,独立集群管理器将提供与其他集群管理器相同的全部功能。

(2)如果使用 Spark 的同时需要结合其他框架应用,或者要使用更丰富的资源调度功能(例如队列),则 Yarn 和 Mesos 都可以满足需求。不过在这两者中,大部分 Hadoop 发行版都预装了 Yarn。

(3)Mesos 的主要优势在于其细粒度共享的功能。该功能将交互式应用程序中的不同命令分配给不同的 CPU 上,这对于多个用户同时运行交互式 Shell 的用法更有优势。

4.4.3　本地模式

本地模式常用于本地开发测试,包括了 Local 模式和 Local Cluster 模式。Local 模式下更有利于用户调试应用代码,其中的 Max Compute Spark 添加了用 Tunnel 读写 Max Compute 表的功能。开发人员可以在 IDE 或命令行中使用需要添加的配置:Spark. Master = Local[N],其中 N 表示执行该模式所需的 CPU 资源。Local 模式下的读写表是通过读写 Tunnel 完成的,需要在 spark – defaults. conf 中增加 Tunnel 配置项。在 Local Cluster 模式中,需要用户指定自定义程序入口 main,main 结束(无论成功或失败)时,与之相对应的 Spark 运行就会完成。

4.5　本章小结

Spark 结构主要分为四个部分：①用来提交作业的 Client 程序；②用来驱动程序运行的 Driver 程序；③用来进行资源调度的 Cluster Manager；④用来执行程序的 Worker。整个 Spark 集群采用的是 Master – Slaver 模型，Master(Cluster Manager)负责集群整体资源的调度和管理(包括管理 Worker)，Worker 管理其上的 Executor。

首先，本章从 Spark 的整体架构具体介绍了 Spark 的运行原理；其次，介绍了 Spark 的三个集群管理器 Apache Mesos、Hadoop Yarn、Standalone；再次，介绍了将应用连接到集群的模式——客户端模式以及集群模式；最后，介绍了应用于本地开发测试的本地模式。本章从整体上梳理了一遍 Spark 内部的运行逻辑，有利于读者更容易地掌握 Spark 的基本架构、概念和运行过程。

课后习题

1. 简述 Spark 的常用术语以及作用。
2. 分析三种集群模式的优缺点。
3. 分析 Spark 的运行过程。

第5章

Spark 编程基础

本章介绍了 RDD、加载数据到 RDD 的方式以及 RDD 的两种操作。其中，简单介绍了 RDD ——弹性分布式数据集和加载数据到 RDD 的方式，主要介绍了 RDD 的两种操作——转换操作和行动操作。

5.1　RDD 简介

5.1.1　RDD 定义

RDD(resilient distributed dataset)，全称为弹性分布式数据集，是分布式内存的一个抽象概念。它表示一个不可变的、可分区的集合，其元素可以并行计算。RDD 具有数据流模型的特点：自动容错、位置感知调度和可伸缩性。

RDD 是分布式对象的集合，提供了一个高度受限的共享内存模型。也就是说，RDD 是不能直接修改的只读记录分区集合。每个 RDD 可以划分为多个分区，每个分区都是一个数据集片段，可以将 RDD 的不同分区保存在集群中不同的节点上，以便在集群中的不同节点上执行并行计算。创建 RDD 的方法有两种：一种是基于稳定的物理存储(如分布式文件系统)中的数据集来创建 RDD，另一种是在其他 RDD 上执行转换操作得到新的 RDD。

RDD 包含了两种类型的操作："行动"(action)和"转换"(transformation)。RDD 利用这两种操作来支持常见的数据运算，其中"行动"操作(如 count、collect 等)用于执行计算并指定输出的形式；"转换"操作(如 map、filter、join 等)用于指定 RDD 之间的相互依赖关系。两种操作相互依存，但又存在明显区别："转换"操作在接受 RDD 后，返回的结果还是 RDD；而"行动"操作在接受 RDD 之后返回的是一个值或结果。

5.1.2　RDD 的属性

RDD 的属性如下。

(1)一组分片(partition)是数据集的基本单位。对于 RDD，每个分片由一个计算任务处理，并决定并行计算的粒度。在创建 RDD 时，用户可以指定 RDD 分片的数量。如果没有指定，将使用默认值。默认值就是程序所分配到的 CPU 核心的数目。

（2）一个计算每个分区的函数。在 Spark 中，RDD 的计算是基于分片的。每个 RDD 将实现 compute 函数来达到这个目的。compute 函数将复合迭代器，而不保存每次计算的结果。

（3）RDD 之间的依赖关系。RDD 在进行每次转换后都会生成一个新的 RDD，因此 RDD 之间就产生了前后依赖关系。当一些分区数据丢失时，Spark 可以通过这个依赖关系重新计算丢失的分区数据，而不是重新计算 RDD 的所有分区。

（4）一个 Partitioner，即 RDD 的分片函数。包括两种类型的分片函数：一个是基于哈希的 Hash Partitioner，另外一个是基于范围的 Range Partitioner。只有对于 key – value 的 RDD，才会有 Partitioner，非 key – value 的 RDD 的 Parititioner 的值是 None。

（5）一个列表，存储存取每个分片的优先位置。对于 HDFS 文件，此列表保存每个分区所在的块的位置。Spark 在调度任务时，根据"移动数据不如移动计算好"的原则，会将任务尽可能多地分配到需要处理数据块的存储位置进行计算。

5.1.3　RDD 的特性

RDD 具有如下特性。

（1）高效的容错性。在 RDD 的设计中，数据是只读的，不能修改。如果需要修改数据，则必须将其从父 RDD 转换为子 RDD，从而在不同的 RDD 之间建立"血缘关系（lineage）"。因此 RDD 是一种具有容错能力的特殊集合，它通过 RDD 父子依赖关系进行重新计算，得到丢失的分区，从而实现容错。通过这种方式，能够避免数据复制的高开销。同时，在不同节点之间的重算过程可以并行进行。

（2）中间结果持久化到内存。数据在内存中的多个 RDD 操作之间直接传输，无须写入磁盘，避免了不必要的磁盘读写开销。

（3）存放的数据可以是直接的 Java 对象，不用进行序列化与反序列化，避免了不必要的对象序列化和反序列化开销。

5.2　加载数据到 RDD

加载数据到 RDD 有两种方式：一种是通过并行化驱动程序中的现有集合进行创建，另一种是读取外部数据集。

5.2.1　并行化现有集合创建 RDD

通过并行化现有集合来创建 RDD，需要为程序中的集合调用 Spark Context 的 parallelize( )方法。Spark 将把集合中的数据复制到集群，形成一个分布式的数据集合，即形成一个 RDD。也就是说，集合中的一部分数据将进入一个节点，而另一部分数据将进入其他节点，然后就可以并行的方式操作这个分布式数据，如代码 5 – 1 所示。

代码 5 - 1

```
data = [1, 2, 3, 4, 5]
#通过并行化现有集合来创建 RDD
distData = sc. parallelize( data)

#对集合中的所有元素进行相加,返回结果为 15
distData. reduce( lambda a, b: a + b)
```

5.2.2　读取外部数据集创建 RDD

Spark 可以从任何 Hadoop 支持的存储上创建 RDD,如本地的文件系统、HDFS、Cassandra 等。Spark 还支持文本文件、SequenceFiles 等。

(1)从本地创建方法,如代码 5 - 2、代码 5 - 3 所示。

代码 5 - 2

```
#加载一个文件
line = sc. textFile( 'file: ///usr/local/Spark/Python_code/rdd/word_rdd. txt')
#输出该文件的第一行
line. first( )
#输出结果: 'I am learning Spark RDD'
```

代码 5 - 3

```
#从 protocols 文件中创建 RDD
distFile = sc. textFile( "/etc/protocols" )
```

(2)从 HDFS 创建 RDD。

在 HDFS 中创建 RDD 时,以下 3 个命令等价(代码 5 - 4)。

代码 5 - 4

```
line = sc. textFile( 'hdfs: //localhost: 9000/user/mashu/rdd/word_rdd. txt')
line = sc. textFile( './rdd/word_rdd. txt')
line = sc. textFile( '/user/mashu/rdd/word_rdd. txt')
```

在 HDFS 中创建 RDD 的代码如下(代码 5 - 5)。

代码 5 − 5

```
line = sc. textFile('hdfs: //localhost: 9000/user/mashu/rdd/word_rdd. txt')
line. first( )
#输出结果: 'I am learning Spark RDD'
line = sc. textFile('. /rdd/word_rdd. txt')
line. first( )
#输出结果: 'I am learning Spark RDD'
line = sc. textFile('/user/mashu/rdd/word_rdd. txt')
line. first( )
#输出结果: 'I am learning Spark RDD'
```

5.3　RDD 操作

5.3.1　RDD 核心概念

RDD 支持两种操作,一种是转化操作(transformations),另一种是行动操作(actions)。转化操作就是将已存在的数据集转换成新的数据集。转换是一种"惰性"操作,即不会立即计算结果,只记录转换操作应用程序的目标数据集,在操作需要结果时才进行计算处理。行动操作就是数据集计算后返回一个值给驱动程序。

5.3.2　基本 RDD 的转化操作

常见的转化操作包含 map、filter、filtermap 操作,也包含 distinct、union、intersection、subtract、cartesian 等伪集合操作。首先创建 RDD,最简单的创建方式是使用 Spark Context 的 parallelize 方法,如代码 5 −6 所示。

代码 5 − 6

```
intRDD = sc. parallelize([3, 1, 2, 5, 5])
intRDD. collect( )
#输出结果: [3, 1, 2, 5, 5]
```

由于 Spark 的惰性,转化操作不会马上执行,而 collect( )是一个"动作",当出现此"行动"操作后,Spark 立刻执行,RDD 转化为列表。

下面来介绍几种常用的单个基本转化操作。

1. map 操作

通过以下三个例子介绍 map 操作。

（1）map 运算使用具体函数（代码5-7）。

代码 5-7

```
intRDD = sc. parallelize([3, 1, 2, 5, 5])
def add(x):
    return (x + 1)
intRDD. map(add). collect()
#输出结果：[4, 2, 3, 6, 6]
```

在本例中，map 是一个转换操作。该段代码命令将每个元素加 1 来生成一个新的 RDD。

（2）map 运算使用匿名函数（代码5-8）。

代码 5-8

```
intRDD. map(lambda x: x + 1). collect()
#输出结果：[4, 2, 3, 6, 6]
```

在这个示例中，map 运算使用了匿名函数 lambda，结果同上一个示例相同。

（3）在 stringRDD 每一个字符串元素前面加上"fruit"，产生新的 RDD（代码5-9）。

代码 5-9

```
stringRDD = sc. parallelize({"Apple", "Orange", "Banana", "Grape"})
stringRDD. map(lambda x: "fruit: " + x). collect()
#输出结果：['fruit: Orange', 'fruit: Grape', 'fruit: Apple', 'fruit: Banana']
```

2. filter 操作

filter 操作的功能是筛选。

例如，将列表[3, 1, 2, 5, 5]中小于 3 的数输出（代码5-10）。

代码 5-10

```
intRDD. filter(lambda x: x < 3). collect()
#输出结果：[1, 2]
```

例如，将水果列表［"Apple"，"Orange"，"Banana"，"Grape"］中含有 ra 的元素输出（代码 5 - 11）。

代码 5 - 11

```
stringRDD. filter( lambda x： " ra" in x). collect( )
#输出结果：［'Orange', 'Grape'］
```

3. distinct 操作

distinct 操作的功能是删除重复元素。

例如，将列表［3，1，2，5，5］中的重复元素删除（代码 5 - 12）。

代码 5 - 12

```
intRDD = sc. parallelize( [3, 1, 2, 5, 5])
intRDD. distinct( ). collect( )
#输出结果：［1, 2, 3, 5］
```

4. union 操作

union 操作的功能是进行并集运算。

例如，将列表［3，1，2，5，5］、［5，6］和［2，7］进行并集运算（代码 5 - 13）。

代码 5 - 13

```
intRDD1 = sc. parallelize( [3, 1, 2, 5, 5])
intRDD2 = sc. parallelize( [5, 6])
intRDD3 = sc. parallelize( [2, 7])
intRDD1. union( intRDD2). union( intRDD3). collect( )
#输出结果：［3, 1, 2, 5, 5, 5, 6, 2, 7］
```

5. intersection 操作

intersection 操作的功能是进行交集运算。

例如，将列表［3，1，2，5，5］、［5，6］进行交集运算（代码 5 - 14）。

代码 5 – 14

```
intRDD1.intersection(intRDD2).collect()
#输出结果:[5]
```

6. subtract 操作

subtract 操作的功能是进行差集运算。

例如,将列表[3,1,2,5,5]、[5,6]进行差集运算(代码 5 – 15)。

代码 5 – 15

```
intRDD1.subtract(intRDD2).collect()
#输出结果:[2,1,3]
```

7. cartesian 操作

cartesian 操作的功能是进行笛卡尔积运算。

例如,将列表[3,1,2,5,5]、[5,6]进行笛卡尔积运算(代码 5 – 16)。

代码 5 – 16

```
intRDD1.cartesian(intRDD2).collect()
#输出结果:[(3,5),(3,6),(1,5),(1,6),(2,5),(2,6),(5,5),(5,6),(5,5),(5,6)]
```

表 5 – 1 所示为基本 RDD 转化操作。

表 5 – 1　基本 RDD 转化操作

函数名	描述
map(func)	将 func 应用于 RDD 中的每个元素,将返回值构成新的 RDD
flatmap(func)	将 func 应用于 RDD 中的每个元素,将返回的迭代器中的所有内容构成新的 RDD,通常用来切分单词
filter(func)	接收一个 func,并将 RDD 中满足该函数的元素放入新的 RDD 中返回
mapParitions(func)	类似 map,但是 RDD 的每个分片都会分开独立运行,所以 func 的参数和返回值必须都是迭代器
mapParitionsWithIndex(func)	类似 mapParitions,但是 func 有两个参数,第一个是分片的序号,第二个是迭代器。返回值还是迭代器

续表 5 - 1

函数名	描述
distinct（［numTasks］）	去重
sample（ withreplacement， fraction，［seed］）	对 RDD 采样，以及是否替换
union（otherDataset）	生成一个包含两个 RDD 中所有元素的 RDD
intersection（otherDataset）	接收另一个 RDD 作为参数，返回两个 RDD 中都有的元素
subtract（）	接收另一个 RDD 作为参数，返回一个由只存在于第一个 RDD 中而不存在于第二个 RDD 中的所有元素组成的 RDD
cartesian（）	接收另一个 RDD 作为参数，返回所有可能的(a, b)对，其中 a 是源 RDD 中的元素，而 b 来自另一个 RDD

5.3.3　基本的 RDD 行动操作

下面介绍几种常用的 RDD 行动操作。

1. collect 操作

collect 操作的功能就是返回 RDD 中的所有元素。例如，返回列表［1, 2, 3, 3］中的所有元素（代码 5 -17）。

代码 5 -17

```
intRDD = sc. parallelize（［1, 2, 3, 3］）
intRDD. collect（）
#输出结果：［1, 2, 3, 3］
```

2. reduce 操作

reduce 操作的功能是并行整合 RDD 中所有数据。例如，对列表［1, 2, 3, 3］中的所有元素求和（代码 5 -18）。

代码 5 -18

```
sc. parallelize（［1, 2, 3, 3］）. reduce（lambda a, b: a + b）
#输出结果：9
```

3. take 操作

take 操作的功能是从 RDD 中返回元素。例如，返回列表［1, 2, 3, 3］中的前两项数据

（代码 5 – 19）。

代码 5 – 19

```
sc. parallelize([1, 2, 3, 3]). take(2)
#输出结果: [1, 2]
```

4. takeOrdered 操作

takeOrdered 操作的功能是返回自然顺序或者自定义顺序的前指定个数的元素，格式为 takeOrdered(n, [ordering])。例如，按从小到大的顺序返回列表[3, 2, 1, 4]中的前 3 项数据(代码 5 –20)。

代码 5 – 20

```
sc. parallelize([3, 2, 1, 4]). takeOrdered(3)
#输出结果: [1, 2, 3]
```

再如，按从大到小的顺序返回列表[3, 2, 1, 4]中的前 3 项数据(代码 5 –21)。

代码 5 – 21

```
sc. parallelize([3, 2, 1, 4]). takeOrdered(3, key = lambda x: -x)
#输出结果: [4, 3, 2]
```

5. stats 操作

stats 操作的功能是统计信息。例如，对列表[4, 1, 2, 5, 5, 6, 8]统计信息(代码 5 – 22)。

代码 5 – 22

```
sc. parallelize([4, 1, 2, 5, 5, 6, 8]). stats()
#输出结果: (count: 7, mean: 4.42857142857, stdev: 2.19461307082, max: 8.0, min: 1.0)
```

6. aggregate 操作

aggregate()函数要求我们提供期望返回的类型的初始值，然后通过一个函数将 RDD

中的元素合并到一个累加器中。考虑到每个节点都是在本地累积的，最后需要通过第二个函数成对地组合累加器(代码 5 - 23)。

代码 5 - 23

```
nums = sc. parallelize([1, 2, 3, 4])
sumCount = nums. aggregate((0, 0), (lambda acc, value: (acc[0] + value, acc[1] +1))
..., (lambda acc1, acc2: (acc1[0] + acc2[0], acc1[1] + acc2[1])))
sumCount[0]/float(sumCount[1])
#输出结果: 2.5
```

7. top 操作

RDD. top(num)，即从 RDD 中按照默认(降序)或者指定的排序规则，返回前 num 个元素，如代码 5 - 24 所示。

代码 5 - 24

```
nums = sc. parallelize([1, 2, 3, 4])
new_nums = nums. top(3)
new_nums
#输出结果: [4, 3, 2]
```

8. foreach 操作

RDD. foreach(func)，即对 RDD 中的每个元素使用给定的函数，如代码 5 - 25 所示。

代码 5 - 25

```
nums = sc. parallelize([1, 2, 3])
def add(x):
    print "\n", "x +2: ", x +2
  nums. foreach(add)
#输出结果:
#x +2: 5
#x +2: 3
#x +2: 4
```

基本 RDD 行动操作见表 5 - 2。

表 5 - 2　基本 RDD 行动操作

函数名	功能
collect( )	返回 RDD 中的所有元素
count( )	RDD 中的元素个数
countByValue( )	各元素在 RDD 中出现的次数
take(num)	从 RDD 中返回前 num 个元素
takeOrdered(num) (ordering)	返回自然顺序或者自定义顺序的前 num 个元素
takeSample (withReplacement, num, [seed])	返回一个由数据集中随机采样的 num 元素组成的数组。可以选择是否用随机数替换不足的部分。seed 用于指定的随机数生成器种子
reduce(func)	通过函数 func 聚集数据集中的所有元素。这个功能必须是可交换且可关联的,从而可以正确地被并行执行
fold(zero) (func)	和 reduce( )一样,但是需要提供初始值
foreach(func)	对 RDD 中的每个元素使用给定的函数
max( )	求最大值
min( )	求最小值
sum( )	求和
mean( )	求均值
stdev( )	求标准差

5.3.4　键值对 RDD 的操作

尽管 RDD 可以包含任何类型的对象,但"键值对"是更为常见的 RDD 元素类型,经常用于分组和聚合操作。Spark 操作通常使用"键值对 RDD"(Pair RDD)来完成聚合计算。存储在普通 RDD 中的数据类型是 int、string 等,而存储在"键值对 RDD"中的数据类型是"键值对"。

1. 键值对 RDD 的基本转换运算

(1)创建 key - value RDD,如代码 5 - 26 所示。

代码 5 - 26

```
kvRDD = sc. parallelize( [ ( 1, 3) , ( 5, 2) , ( 5, 6) , ( 4, 7) ] )
kvRDD. collect( )
```

其中，第一个字段是 key，第二个字段是 value。

（2）列出全部 key 值和 value 值。

例如，列出 kvRDD 中所有的键（代码 5 – 27）。

代码 5 – 27

```
kvRDD. keys( ). collect( )
#输出结果：[1, 5, 5, 4]
```

再如，列出 kvRDD 中所有的值（代码 5 – 28）。

代码 5 – 28

```
kvRDD. values( ). collect( )
#输出结果：[3, 2, 6, 7]
```

（3）filter 运算。

例如，列出 kvRDD 中 key 小于 5 的键值对（代码 5 – 29）。

代码 5 – 29

```
kv. RDD. filter(lambda kv: kv[0] <5). collect( )
#输出结果：[(1, 3), (4, 7)]
```

再如，列出 kvRDD 中 value 小于 5 的键值对（代码 5 – 30）。

代码 5 – 30

```
kvRDD. filter(lambda kv: kv[1] <5). collect( )
#输出结果：[(1, 3), (5, 2)]
```

（4）mapValues 运算。

mapValues 运算针对 RDD 内每一个（key, value）键值对进行运算，产生另外一个 RDD。

例如，将 kvRDD 中 value 的每一个值进行平方运算（代码 5 – 31）。

代码 5 – 31

```
kvRDD. mapValues(lambda x: x ∗ ∗ 2). collect( )
#输出结果：[(1, 9), (5, 4), (5, 36), (4, 49)]
```

（5）sortByKey 运算。

将 key 按照指定顺序排序，产生另外一个 RDD。

例如，将 kvRDD 按照 key 值从小到大排序（代码 5 - 32）。

代码 5 - 32

```
kvRDD. sortByKey( ). collect( )
#输出结果：[(1, 3), (4, 7), (5, 2), (5, 6)]
```

再如，将 kvRDD 按照 key 值从大到小排序（代码 5 - 33）。

代码 5 - 33

```
kvRDD. sortByKey( ascending = False). collect( )
#输出结果：[(5, 2), (5, 6), (4, 7), (1, 3)]
```

（6）reduceByKey 运算。

按照 key 值进行 reduce 运算，如代码 5 - 34 所示。

代码 5 - 34

```
print( "Reduce by key:" )
kvRDD. reduceByKey( lambda x, y: x + y). collect( )
#输出结果：
# Reduce by key: [(1, 3), (4, 7), (5, 8)]
```

2. 多个 RDD key - value 转换运算

创建多个 RDD key - value 范例（代码 5 - 35）。

代码 5 - 35

```
kvRDD1 = sc. parallelize([(3, 4), (3, 6), (5, 6), (1, 2)])
kvRDD2 = sc. parallelize([(3, 8)])
kvRDD1. collect( )
kvRDD2. collect( )
```

（1）join 运算。

join 运算是将两个 RDD 按照相同的 key 值进行内连接，如代码 5 – 36 所示。

代码 5 – 36

```
kvRDD1. join( kvRDD2). collect( )
#输出结果：[(3, (4, 8)), (3, (6, 8))]
```

例如，从左边的集合对应到右边的集合，显示所有左边集合中的元素（代码 5 – 37）。

代码 5 – 37

```
kvRDD1. leftOuterJoin( kvRDD2). collect( )
#输出结果：[(1, (2, None)), (3, (4, 8)), (3, (6, 8)), (5, (6, None))]
```

（2）subtractByKey 运算。

subtractByKey 运算会删除相同 key 值的数据，如代码 5 – 38 所示。

代码 5 – 38

```
kvRDD1. subtractByKey( kvRDD2). collect( )
#输出结果：? [(1, 2), (5, 6)]
```

3. key – value 动作运算

（1）获取键值对。

例如，获取[(1, 3), (5, 2), (5, 6), (4, 7)]中第一个键值对（代码 5 – 39）。

代码 5 – 39

```
kvRDD = sc. parallelize([(1, 3), (5, 2), (5, 6), (4, 7)])
kvRDD. collect( )
kvRDD. first( )
#输出结果：(1, 3)
```

例如，获取[(1, 3), (5, 2), (5, 6), (4, 7)]中前两项键值对（代码 5 – 40）。

代码 5 – 40

```
kvRDD. take(2)
#输出结果：[(1，3)，(5，2)]
```

（2）获取 key 值。

例如，获取[(1，3)，(5，2)，(5，6)，(4，7)]中第一项的 key 值(代码 5 – 41)。

代码 5 – 41

```
kvFirst = kvRDD. first()
   kvFirst[0]
#输出结果：1
```

（3）获取 value 值。

例如，获取[(1，3)，(5，2)，(5，6)，(4，7)]中第一项的 value 值(代码 5 – 42)。

代码 5 – 42

```
kvFirst[1]
#输出结果：3
```

（4）获取每一个 key 值的项数。

例如，获取[(3，4)，(3，6)，(5，6)，(1，2)]中每一个 key 值的项数(代码 5 – 43)。

代码 5 – 43

```
kvRDD1 = sc. parallelize([(3，4)，(3，6)，(5，6)，(1，2)])
kvRDD1. countByKey()
#输出结果：defaultdict(int，{1：1，3：2，5：1})
```

（5）collectAsMap 创建 key – value 字典，如代码 5 – 44 所示。

代码 5 – 44

```
sc. parallelize([(1，2)，(3，4)]). collectAsMap()
#输出结果：{1：2，3：4}
```

（6）输入 key 值查找 value，如代码 5 – 45 所示。

代码 5 – 45

```
kvRDD1 = sc. parallelize([(3,4),(3,6),(5,6),(1,2)])
kvRDD1. lookup(3)
#输出结果：[4,6]
```

5.3.5　连接操作

本节简单介绍了 join 运算，join 运算可以实现类似数据库的内连接，将两个 RDD 按照相同的 key 值 join 起来，如代码 5 – 46 所示。

代码 5 – 46

```
kvRDD1 = sc. parallelize([(3,4),(3,6),(5,6),(1,2)])
kvRDD2 = sc. parallelize([(3,8)])
print(kvRDD1. join(kvRDD2). collect())
#输出结果为：[(3,(4,8)),(3,(6,8))]
```

代码 5 – 46 中，kvRDD1 与 kvRDD2 的 key 值唯一相同的是 3，kvRDD1 中有两条 key 值为 3 的数据(3,4)和(3,6)，而 kvRDD2 中只有一条 key 值为 3 的数据(3,8)，所以 join 的结果是(3,(4,8))和(3,(6,8))。

下面介绍另外两种连接操作，即左外连接和右外连接。

1. 左外连接

使用 leftOuterJoin 可以实现类似数据库的左外连接，如果 kvRDD1 的 key 值对应不到 kvRDD2，就会显示为 None，如代码 5 – 47 所示。

代码 5 – 47

```
print(kvRDD1. leftOuterJoin(kvRDD2). collect())
#输出结果：[(1,(2,None)),(3,(4,8)),(3,(6,8)),(5,(6,None))]
```

2. 右外连接

使用 rightOuterJoin 可以实现类似数据库的右外连接，如果 kvRDD2 的 key 值对应不到 kvRDD1，就会显示为 None，如代码 5 – 48 所示。

代码 5 −48

```
print（kvRDD1. rightOuterJoin(kvRDD2). collect()）
#输出结果：[(3,(4,8)),(3,(6,8))]
```

3. 全连接

全连接如代码 5 −49 所示。

代码 5 −49

```
pp =(('cat', 2), ('cat', 5), ('book', 4), ('cat', 12))
qq =(("cat", 2), ("cup", 5), ("mouse", 4), ("cat", 12))
pairRDD1 = sc. parallelize(pp)
pairRDD2 = sc. parallelize(qq)
pairRDD1. collect()
#输出结果：[('cat', 2), ('cat', 5), ('book', 4), ('cat', 12)]
pairRDD2. collect()
#输出结果：[('cat', 2), ('cup', 5), ('mouse', 4), ('cat', 12)]
pairRDD1. fullOuterJoin(pairRDD2). collect()
#输出结果：[('book', (4, None)), ('cup', (None, 5)), ('mouse', (None, 4)), ('cat', (2, 2)),
        ('cat', (2, 12)), ('cat', (5, 2)), ('cat', (5, 12)), ('cat', (12, 2)), ('cat', (12,
        12))]
```

5.3.6 向 Spark 传递函数

Spark 的 API 严重依赖于将函数作为参数传递给驱动程序，对此有以下三点建议。

（1）简单的函数可以直接作为 Lambda 表达式编写，但需要注意的是 Lambda 表达式不支持多语句函数和无返回值的语句。

（2）如需使用大量代码的函数，建议在开发代码中用 def 自行定义。

（3）直接使用模块中的已定义的函数。

代码 5 −50

```
def myFunc(s):
    words = s. split(" ")
    return len(words)
sc = SparkContext(...) # 省略了构建参数
sc. textFile("file. txt"). map(myFunc)
```

例如，要传递一个长函数，它不能被转换成 Lambda 表达式，以下这种方法也可以传递类实例中方法的引用。注意，使用时需要将整个对象传递过去(代码 5 – 51)。

代码 5 – 51

```
class MyClass(object):
    def func(self, s):
        return s
    def doStuff(self, rdd):
        return rdd.map(self.func)
```

在这里，如果我们创建了一个新的 MyClass 对象，然后对它调用 doStuff 方法，map 会用到这个对象中 func 方法的引用，所以整个对象都需要传递到集群中。

还有另一种相似的写法，访问外层对象的数据域会传递整个对象的引用(代码 5 – 52)。

代码 5 – 52

```
class MyClass(object):
    def __init__(self):
        self.field = "Hello"
    def doStuff(self, rdd):
        return rdd.map(lambda s: self.field + x)
```

避免此类问题最简单的方法就是，使用一个本地变量缓存一份这个数据域的拷贝，直接访问这个数据域(代码 5 – 52)。

代码 5 – 53

```
def doStuff(self, rdd):
    field = self.field
    return rdd.map(lambda s: field + x)
```

5.3.7　数值型 RDD 的操作

数值型 RDD 操作用如表 5 – 3 所示。

表 5 – 3　数值 RDD 操作

方法	描述
count( )	RDD 中的元素个数
mean( )	元素的平均值
sum( )	总和
max( )	最大值
min( )	最小值
stdev( )	标准差
stats( )	统计

5.4　RDD 之间的依赖关系

RDD 中的不同操作将导致不同 RDD 中的分区具有不同的依赖关系。RDD 中的依赖关系分为窄依赖关系(narrow dependency)和宽依赖关系(wide dependency)。图 5 – 1 展示了两种依赖之间的区别。

窄依赖具有以下两种表现：一种表现为一个父 RDD 的分区对应于一个子 RDD 的分区，另一种表现为多个父 RDD 的分区对应于一个子 RDD 的分区；如图 5 – 1(a)所示，RDD 1 是 RDD 2 的父 RDD，RDD 2 是子 RDD，RDD 1 的分区 1，对应于 RDD 2 的一个分区(即分区 4)；再如，RDD 6 和 RDD 7 都是 RDD 8 的父 RDD，RDD 6 中的分区(分区 15)和 RDD 7 中的分区(分区 18)，两者都对应于 RDD8 中的一个分区(分区 21)。

宽依赖表现为一个父 RDD 的一个分区对应一个子 RDD 的多个分区。如图 5 – 1(b)所示，RDD 9 是 RDD 12 的父 RDD，RDD 9 中的分区 24 对应了 RDD 12 中的分区 27 和分区 28。

通常，如果父 RDD 的一个分区只被子 RDD 的一个分区使用，那么它就是窄依赖，否则就是宽依赖。具有窄依赖关系的典型操作包括 map、filter、union 等。具有宽依赖关系的典型操作包括 groupByKey、sortByKey 等。对于连接(join)操作，可以分为两种情况。

(1)对输入进行协同划分，属于窄依赖，如图 5 – 1(a)所示。

所谓协同划分(co – partitioned)是指多个父 RDD 的某一分区的所有"键(key)"，落在子 RDD 的同一个分区内，不会产生同一个父 RDD 的某一分区，落在子 RDD 的两个分区的情况。

(2)对输入进行非协同划分，属于宽依赖，如图 5 – 1(b)所示。

具有窄依赖关系的 RDD 可以流水线方式计算所有父分区，而不会导致网络之间的数据混合。具有宽依赖关系的 RDD，首先需要计算所有父分区数据，然后在节点之间执行 Shuffle 操作。

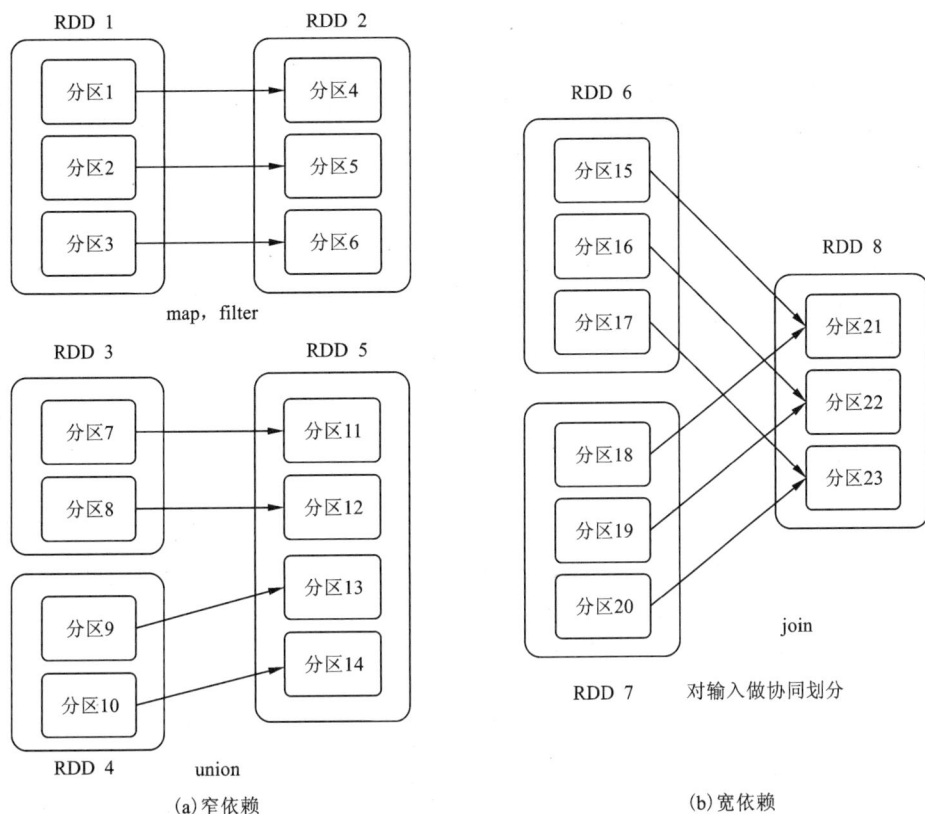

图 5－1　窄依赖与宽依赖的区别

　　RDD 数据集通过"血缘关系"记录了从其他 RDD 演化而来的关系。"血缘关系"记录了粗粒度的转换操作行为，当部分 RDD 分区数据丢失时，可以通过"血缘关系"获得足够的信息来重新计算和恢复丢失的数据分区，从而带来性能的提高。Spark 的这种依赖设计使其具有固有的容错能力，大大提高了 Spark 的执行速度。相对而言，在两种依赖关系中，窄依赖关系故障恢复的效率更高，它只需要基于父 RDD 分区重新计算丢失的分区（不需要重新计算所有分区），并且它可以在不同节点上并行地重新计算。相对于窄依赖关系，宽依赖关系单个节点的失效通常意味着重新计算过程涉及多个父 RDD 分区，代价非常昂贵。此外，Spark 还为持久化中间 RDD 提供了数据检查点和记录日志，在故障恢复期间，Spark 将数据检查点的成本与重新计算 RDD 分区的成本进行比较，自动选择最佳恢复策略。

5.5　本章小结

　　本章简单介绍了 RDD 的定义、RDD 的特性，详细介绍了 RDD 操作。RDD 是弹性分布式数据集的简称，从编程的角度来看，RDD 可以简单看成是一个数组，但又与普通数组不同，RDD 中的数据分区存储，可以将不同分区的数据分布在不同的机器上，这样不同分区的数据可以同时并行处理。RDD 最重要的特性是它提供了容错功能，可以从节点故障中自动恢复。RDD 包括了两种操作："转换"操作和"行动"操作。前者用于转换现有数据集以生成新的数据集，后者用于在计算完成后将结果返回给驱动程序。Spark 中所有的转换操作都是惰性求值的，也就是说，它们并不会立刻计算出结果，只是记录下了转换操作的操作对象。只有在执行启动操作并将结果返回给驱动程序时，转换操作才真正开始计算。本章还介绍了 RDD 之间的依赖关系，分为宽依赖和窄依赖。Spark 这种宽、窄依赖的设计，使其具有天生的容错性，从而加快了 Spark 的执行速度。本章应该主要掌握 RDD 操作，学会运用转化操作和行动操作处理实际问题。

课后习题

1. 简要介绍 RDD。
2. 编写一个程序，输出列表[3, 4, 5, 3, 2, 1]。
3. 编写一个程序，实现将第 4 章课后习题第二题的列表每一个元素都加 2。
4. 编写一个程序，分别输出字典[(1, 3), (5, 2), (5, 6), (4, 7)]中所有键和值。

第6章

Spark 核心 API 高级编程

本章以第 5 章中介绍的 Spark API 转换操作为基础，介绍了 Spark 分区和 RDD 存储等重要知识点。通过学习 RDD 各种存储功能，了解它们在程序优化、耐用性提高以及进程重启和回复方面的应用。本章还介绍了提高 Spark 性能的其他工具。

6.1 Spark 中的数据分区

本节介绍 Spark 对数据集在节点间的分区控制这一特性。分布式程序对于通信的代价非常大，因此为了提升整体性能，控制数据分布来获得最少的网络传输是必要的。

Spark 程序可以通过控制 RDD 分区的方式来减少通信开销。下面我们来介绍 RDD 分区的一些知识，并讨论影响分区的行为以及访问分区内容的 API 方法。

6.1.1 分区概述

Spark 中所有的键值对 RDD 都可以进行分区。系统根据键的一个函数对元素进行分组控制。虽然 Spark 没有给出控制每个键落在哪一个工作节点上的方法，但 Spark 可以保证同一组键出现在相同的节点上，并且使用范围分区法将键在同一个范围内的记录都放在同一个节点上。下面来分析 Spark 分区的一些默认行为。

在使用 HDFS 时，Spark 会把每个数据块作为一个 RDD 分区，如代码 6 - 1 所示。

代码 6 - 1　使用 HDFS

```
myrdd = sc. textFile( "hdfs: ///dir/filescontaining10blocks" )
myrdd. getNumPartitions( )
#返回 10
```

groupByKey( )、reduceByKey( )等一系列操作都会导致数据混洗（shuffle），而且没有指定 Num Partitions 值，这些操作产生的分区数等同于配置项 spark. default. parallelism 所对应的值。reduceByKey( )操作示例如代码 6 - 2 所示。

代码 6 - 2　reduceByKey( ) 操作

```
myrdd = sc. textFile("hdfs: ///dir/filescontaining10blocks")
mynewrdd = mardd. flatMap(lambda x: x. split( ))
    . map(lambda x: (x, 1))
    . reduceByKey(lambda x, y: x + y)
mynewrdd. getNumPartitions( )
#返回 4
```

如果 spark. default. parallelism 配置参数没有设置，则转化操作产生的分区数与当前 RDD 谱系中的上游 RDD 的最大分区数相等。

Spark 使用的默认分区方式为 Hash Partitions，它把所有的键以确定性的方式求哈希值，然后以键的哈希值创建出一组大致均衡的分区。目的是根据键把数据均匀地分到指定的分区中。

尽管默认行为一般也没有问题，但在一些特定情况下也可能导致效率低下。不过 Spark 提供了集中解决这些问题的机制。

6.1.2　控制分区

分区数太多意味着任务数太多，导致每次调度任务时总体耗时增多。另一方面，分区数太少，也会导致一些结点没有分配到任务，或者每个分区要处理的数据量就会增大，从而对每个结点的内存要求就会提高。

同时，分区数不合理，会导致数据倾斜问题。那么一个 RDD 应该有多少个分区？怎么确定最佳分区数呢？一般来说，需要不断测试不同的值，直到找到最佳的收益点，来确定最佳分区数。另外，当数据集变化时，最好要重新考虑使用分区数。这时，可以用 Spark API 提供的重分区方法。接下来会逐一介绍这些重分区函数。

6.1.3　重分区函数

下面介绍几个重要的重分区函数。

(1)partitionBy( ) 函数返回的 RDD 的数据与输入的 RDD 相同，但是分区数变成了 Num Partitions参数指定的分区数，默认使用 portable_hash 函数(Hash Partitionner)进行分区。代码 6 - 3 展示了 partitionBy( ) 的一个例子。

代码 6 - 3　partitionBy( ) 函数

```
kvrdd = sc. parallelize([(1, 'A'), (2, 'B'), (3, 'C'), (4, 'D')], 4)
kvrdd. getNumPartitions( )
#返回 4
kvrdd. partitionBy(2). getNumPartitions( )
#返回 2
```

转换操作 partitionBy( ) 对于自定义分区有很大作用，假设想把网络日志按月区分，自定义函数需要用键作为输入，返回一个在 0 和 partitionBy( ) 函数制定的 Num Partitions 之间的值，然后使用返回值把这些元素放回到对应的分区目标里面。

（2）repartition( ) 函数返回的 RDD 包含的数据与输入的 RDD 相同，分区数与 Num Partitions 包含的完全一样。repartition( ) 方法会引起数据混洗，并且它不像 partitionBy( ) 可以改变分区函数，repartition( ) 方法也允许创建比输入 RDD 更多的分区数。代码 6 - 4 展示了 repartition( ) 函数的一个例子。

代码 6 - 4　repartition( ) 函数

```
kvrdd = sc. parallelize([(1, 'A'), (2, 'B'), (3, 'C'), (4, 'D')], 4)
kvrdd. getNumPartitions( )
#返回 2
```

（3）coalesce( ) 函数返回的 RDD 的分区数由 Num Partitions 参数指定。coalesce( ) 方法也允许用户用布尔类型的 shuffle 参数控制是否触发数据混洗，coalesce(n, shuffle = True) 操作等价于 repartition(n)。

coalesce( ) 函数是对 repartition( ) 优化的实现。与 repartition( ) 函数不同的是，coalesce( ) 可以让用户更好地控制混洗行为，在很多情况下避免数据移动。另外，coalesce( ) 只允许使用比输入 RDD 更少的目标分区数，这也和 repartition( ) 不同。代码 6 - 5 展示了 coalesce( ) 函数的一个例子。

代码 6 - 5　coalesce( ) 函数

```
kvrdd = sc. parallelize([(1, 'A'), (2, 'B'), (3, 'C'), (4, 'D')], 4)
kvrdd. coalesce(2, shuffle = False). getNumPartitions( )
#返回 2
```

上述代码展示了 coalesce( ) 函数在 Shuffle 参数设置为 False 时的用法。

（4）repartitionAndSortWithinPartitions( ) 函数把输入 RDD 根据 partitionfunc 参数指定的函数，重新分区为 Num Paritions 参数指定的分区数。在生成的各个分区中，记录根据键按照 keyfunc 参数定义的函数和 ascending 参数定义的序列进行排序。

repartitionAndSortWithinPartitions( ) 方法常用来实现辅助排序。键值对 RDD 的排序功能通常基于键的任意哈希值或范围，而对于使用（($k1$, $k2$), v) 这样的复合键的键值对，情况就更加复杂了。如果想要先根据 $k1$ 排序，然后在分区内对每个 $k1$ 值再根据 $k2$ 排序，这样就需要使用辅助排序。代码 6 - 6 展示了 repartitionAndSortWithinPartitions( ) 函数的一个例子。

代码 6 - 6 repartitionAndSortWithinPartitions( ) 函数

代码 6 - 6 **repartitionAndSortWithinPartitions**( ) 函数

```
kvrdd = sc. parallelize([[((1, 99), 'A'), ((1, 101), 'B'), ((2, 99), 'C')), ((2, 101), 'D')], 2)
kvrdd. glom( ). collect( )
#返回: [[((1, 99), 'A'), ((1, 101), 'B'), ((2, 99), 'C'), ((2, 101), 'D')]]
kvrdd2 = kvrdd. repartitionAndSortWithinPartitions
numParitions = 2,
ascending = False,
keyfunc = lambda x: x[1])
kvrdd. glom( ). collect( )
#返回: [[((1, 101), 'B'), ((1, 99), 'A'), ((2, 101), 'D'), ((2, 99), 'C')]]
```

上述例子展示了如何使用 repartitionAndSortWithinPartitions( ) 函数对具有复合键的键值对 RDD 进行辅助排序。键的第一个部分按组分到各自对应的分区里,然后使用键的第二部分降序排序。

6.1.4 针对分区的 API 方法

Spark 中的针对分区的 API 方法既有行动操作也有转化操作,下面介绍几种常用的 API 分区方法。

(1) foreachPartition( ) 方法是一个行动操作,它与 foreach( ) 方法相似,把各个参数所指定的函数应用到 RDD 的每一个分区中去。foreachPartition( ) 方法应用如代码 6 - 7 所示。

代码 6 - 7 **行动操作 foreachPartition**( )

```
def f(x);
    for rec in x;
        print(rec)
kvrdd = sc. parallelize([[((1, 99), 'A'), ((1, 101), 'B'), ((2, 99), 'C'), ((2, 101), 'D')], 2)
kvrdd. foreachPartition(f)
#返回 ((1, 99), 'A'), ((1, 101), 'B'), ((2, 99), 'C'), ((2, 101), 'D')
```

注意,foreachPartition( ) 是一个行动操作,它会触发输入 RDD 以及整个系谱的计算。它还会导致数据传输到驱动器端,因此,运行此函数时应该注意最终 RDD 的数据量。

(2) lookup( ) 方法用于返回 RDD 中与 key 指定的键所对应的数据列表。lookup( ) 方法示例如代码 6 - 8 所示。

代码 6 - 8　lookup( )方法

```
kvrdd = sc. parallelize([(1, 'A'), (1, 'B'), (2, 'C'), (2, 'D')], 2)
kvrdd. lookup(1)
# 返回['A', 'B']
```

（3）mapPartitions( )方法将 func 指定的方法用于输入 RDD 的每一个分区，返回一个新的 RDD，如代码 6 - 9 所示。

代码 6 - 9　mapPartitions( )方法

```
kvrdd = sc. parallelize([(1, 'A'), (1, 'B'), (2, 'C'), (2, 'D')], 2)
def f(iterator): yield [(b, a) for (a, b) in iterator]
kvrddmapPartitions(f). collect( )
#返回[[('A', 1), ('B', 1)], [('C', 2), ('D', 2)]]
```

mapPartitions( )方法只对每个分区使用一次指定的函数，而不是每个元素一次。Spark 中许多其他转化操作会在内部使用 mapPartitions( )函数。

（4）glom( )方法把 RDD 的每个分区中的元素合并到一个列表，以新的 RDD 返回。这个方法可以用于以列表的形式查看 RDD 分区。示例如代码 6 - 6 所示。

6.2　RDD 的存储选项

我们知道，RDD 是分布式的元素集合，每个 RDD 被分为多个分区，运行在集群中的不同节点上。由于一些原因，RDD 还有一些更合适的存储选项，下面我们来一一介绍这些存储选项。

6.2.1　RDD 存储选项

不论 Spark 集群部署在 Yarn、独立集群还是 Mesos 上，RDD 都以分区的形式存储在集群的不同节点上。表 6 - 1 总结了 6 种全部的可供选择的基本存储级别。

表 6 - 1　RDD 存储级别

存储级别	说明
MEMORY_ONLY	仅把 RDD 分区存储在内存中，这是存储级别的缺省值
MEMORY_AND_DISK	把内存里存不下的 RDD 分区存储在硬盘上
MEMORY_ONLY_SER	把 RDD 分区以序列化的对象的形式存储在内存中，使用这个选项可以节省内存，因为序列化的对象会比未序列化的对象占用更少的空间

续表 6-1

存储级别	说明
MEMORY_AND_DISK_SER	把 RDD 分区以序列化的对象的形式存储在内存里，内存中放不下的对象溢写到硬盘上
DISK_ONLY	仅把 RDD 分区存储在硬盘上
OFF_HELP	把 RDD 分区以序列化的对象的形式存储在内存里，该选项要求使用堆外内存

1. 存储级别标记值

存储级别是由一组控制 RDD 存储的标记值实现的。这些标记值决定是否使用内存、是否在内存放不下时溢写到硬盘、是否以序列化的形式存储对象以及是否把 RDD 分区复制到多个节点上。这些标记值在 StorageLevel 的构造函数中实现，如代码 6-10 所示。

代码 6-10 StorageLevel 构造函数

```
StorageLevel(useDisk, useMemory, useOffHeap, deserialized, replication = 1)
```

参数 useDisk，useMemory，useOffHeap 以及 deserialized 是布尔类型的值，而参数 replication 是整型值且默认为 1。

2. getStorageLevel( ) 函数

Spark API 包含一个名为 getStorageLevel( ) 的函数，可以查看 RDD 的存储级别 getStorageLevel( ) 函数返回给定 RDD 各种存储选项的标记值。代码 6-11 展示了如何使用 getStorageLevel( )。

代码 6-11 getStorageLevel( ) 函数

```
lorem = sc. textFile('file: //lorem. txt')
lorem. getStorageLevel( )
#storageLevel(False, False, False, False, 1)
# 获取单个标记值
lorem_sl = lorem. getStorageLevel( )
lorem_sl. useDisk
#False
lorem_sl. useMemory
#False
lorem_sl. useOffHeap
#False
lorem_sl. replication
#1
```

3. 选择存储级别

RDD 存储级别让用户可以调优 Spark 作业，并且可以容纳集群所有内存都放不下的大规模操作，其存储级别的复制选项可以减少任务或节点发生故障时的恢复时间。

一般来说，如果 RDD 能保存在集群的可用内存中，那么仅使用内存的存储级别就足够了，所提供的性能也是最好的。

6.2.2　RDD 缓存

Spark 的 RDD 是惰性求值的，当 RDD 每次调用行动操作时，都会重新计算。缓存 RDD 可以把数据持久化到内存中，这样当系统真正执行一次行动操作后，数据将被缓存，当系统再一次发生行动操作时系统就无须重新计算，从而优化了系统性能。

缓存不会被写到硬盘，从而不占用内存。实际上，缓存更像是建议，如果没有足够内存缓存 RDD，RDD 会在每次行动操作时计算整个系谱。代码 6－12 展示了缓存 RDD 的例子。

代码 6－12　缓存 RDD

```
doc = sc. textFile("file：///opt/spark/date/shakespeare. txt")
words = doc. flatMap(lambda x：x. split()). map(lambda x：(x, 1)). reduceByKey(lambda x, y：x +
y)
words. cache()
words. count()  #触发计算
#返回：33505
words. take(3)  #无须计算
#返回：[('Quince', 8), ('Begin', 9), ('Just', 12)]
words. count()  #无须计算
#返回：33505
```

6.2.3　RDD 持久化

为了解决多次计算同一个 RDD 的问题，除了常用的缓存之外还可以对 RDD 进行持久化。持久化提供了比缓存更高的耐用性，同时提升了性能。当 Spark 持久化存储 RDD 时，计算出 RDD 的节点会分别保存对应的分区数据。当某个拥有持久化数据的节点出现故障需要用到缓存的数据时，Spark 会重新计算丢失的数据分区。同时，把数据备份到多个节点上可以避免节点故障的情况拖累执行速度。

通过持久化机制可以避免重复计算带来的不必要开销。可使用 persist() 方法将某个 RDD 标记为持久化缓存。所谓"标记为持久化"，即在出现 persist() 语句的地方遇到第一个行动操作触发正式计算以后才会把计算结果持久化，而不是直接进行持久化。持久化后的 RDD 将会记忆性地保存在计算节点的内存中以供后续行动操作继续使用。一般而言，使用 cache() 方法时，会调用 persist(MEMORY_ONLY)。持久化 RDD 如代码 6－13 所示。

代码 6 – 13　持久化 RDD

```
doc = sc. textFile( " file：///opt/spark/data/shakespeare. txt" )
words = doc. flatMap ( lambda x： x. split( ) )
    . map( lambda x： (x, 1) )
    . reduceByKey( lambda x, y： x + y)
words. persist( )
words. count( )
words. take( 3)
print( words. toDebugString( ). decode( " utf – 8" ) )
```

如果内存里放不下缓存的数据，Spark 会自动利用"最近最少使用"的缓存策略把最原始的分区从内存中移除出来。但是对于使用内存与磁盘的缓存级别的分区来说，被移除的分区都会被写入磁盘。不论哪一种情况，都不必担心进度由于缓存数据太多而被打断。不过，缓存无关紧要的数据会致使有用的数据被移出内存，带来更大的时间开销。

最后，如果需要手动把持久化的 RDD 从缓存中移除，可以使用 unpersist( )方法。

6.2.4　选择何时持久化或缓存 RDD

数据的缓存时间非常重要，我们需要对空间和速度进行必要的计算。无关数据的回收开销问题通常会让情况变得更加复杂。如果多个操作需要用到某一个 RDD，而它的计算代价又非常高时，就应该把这个 RDD 缓存起来。在机器学习中经常会用到适合缓存的迭代算法。

同时，缓存减少了发生故障时的恢复时间，当机器发生故障需要重新计算时会从缓存开始计算。所以可以考虑使用一种基于硬盘的持久化选项来获得耐用性。

6.2.5　保存 RDD 检查点

保存 RDD 检查点与上面介绍的基于硬盘的持久化选项不同，保存检查点把数据保存在文件里。检查点保存的数据在应用结束后不会被删除，而持久化选项会在 Spark 应用结束后删除持久化的 RDD。

保存 RDD 检查点主要是为了避免缓存丢失造成的重新计算带来的资源消耗。同时，把数据的检查点保存到 HDFS 这样的分布式文件系统上，可以获得更好的存储容错性。下面介绍与检查点有关的一些方法。

（1）setCheckpointDir( )方法。用于把 RDD 的检查点存到指定的目录内。如果在 Hadoop 集群上运行 Spark，方法参数指定的目录需要在 HDFS 路径中运行。

（2）checkpoint( )方法。即将 RDD 标记为需要保存检查点。在执行第一个用到该 RDD 的行动操作时，它的检查点就会保存下来，而文件保存的目录是通过 setCheckpointDir( )方法设置的。checkpoint( )方法必须在任何行动操作请求该 RDD 之前调用。

（3）isCheckpointed( )函数。即返回一个布尔值，表示该 RDD 是否被设置了检查点。

（4）getCheckpointFile( )方法。函数返回 RDD 检查点所保存的文件的文件名。
保存 RDD 检查点程序如代码 6 – 14 所示。

代码 6 – 14　保存 RDD 检查点

```
sc. setCheckpointDir("file：///opt/spark/date/checkpoint")
doc = sc. textFile("file：///opt/spark/date/shakespeare. txt")
words = doc. flatMap(lambda x: x. split( )) \
    . map(lambda x: (x, 1)) \
    . reduceByKey(lambda x, y: x + y)
words. checkpoint( )
words. count( )
#返回：33505
words. isCheckpointed( )
#返回：Ture
words. getCheckpointFile( )
#返回：'file:/opt/spark/data/checkpoint/df6340eb – 5b5f – 4611 – 99a8 – bac576c2ea1/rdd – 15'
```

6.3　使用外部程序处理 RDD

Spark 提供了三种原生语言进行操作，这可能已经满足了用户编写 Spark 应用的所有
需求。但是，如果 Scala、Java 以及 Python 都不能实现用户需要的功能，那么 Spark 也为这
种情况提供了一种通用机制，可以将数据通过管道传给用其他语言编写的程序，比如
Ruby、Perl 或者 Bash 等语言，甚至可以用 C 语言在 Spark 里编程。

Spark 在 RDD 上提供的 pipe( )方法可以让用户使用任意一种语言实现 Spark 作业中的
部分逻辑，只要它能读写 Unix 标准流就行。所谓 RDD 的转化操作过程就是通过 pipe( )函
数，将 RDD 中的各个元素从标准输入流中以字符串形式读出，并对这些元素进行任何需要
的操作，然后把结果以字符串的形式写入标准输出。代码 6 – 15 展示了 parsefixedwidth. pl
的 Perl 脚本，这个脚本用来解析固定的输出数据，是一种常见的文件格式。

代码 6 – 15　外部转化操作程序

```
my  $ format ='A6  A8  A20  A2  A5'
    while (< >) {
    chomp;
    my ( $ custid, $ orderid, $ date,
    $ city, $ state, $ zip) = unpack( $ format.  $ _);
    printf" $ custid\ $ orderid\ $ date\ $ city \ $ state\ $ zip";    }
```

下面演示使用 pipe( )命令运行代码 6 – 15 中的 parsefixedwidth. pl 脚本(代码 6 – 16)。

代码 6 – 16   pipe( )函数

```
sc. addFile("/home/ubuntu/parsefixedwidth. pl")
fixed_width = sc. parallelize(['38409610287522220160317HaywardCA94541'])
piped = fixed_width. pipe("parsefixedwidth. pl")
piped. collect( )
```

addFile( )操作不可或缺,因为需要在运行操作 pipe( )之前,把 Perl 脚本 parsefixedwidth. pl 分布到集群中所有参与执行的工作节点上。

6.4   常见转换操作

RDD 的转化操作是返回新 RDD 的操作,比如 map( )和 filter( )。转化的 RDD 是惰性求值的,当行动操作用到这些 RDD 时才会被计算。转化操作每次只会操作 RDD 中的一个元素,所以说许多转化操作都是针对各个元素的,但并不是所有的转化操作都是这样的。

6.4.1   一元转换操作

假定要从一个含有若干消息的日志文件 log. txt 中选出其中的错误消息,则可以使用前面说过的转化操作 filter( )。以 Python 的 API 实现为例(代码 6 – 17)。

代码 6 – 17   用 Python 实现 filter( )转化操作

```
inputRDD = sc. textFile("log. txt")
errorsRDD = inputRDD. filter(lambda x: "error" in x)
```

注意,filter( )操作不会改变已有的 inputRDD 中的数据。实际上,该操作会返回一个全新的 RDD。inputRDD 也可以应用于后面的计算。

6.4.2   二元转换操作

接下来,我们使用另一个转化操作 union( )来打印出包含 error 或 warning 的行数。以 Python 进行 union 转化操作为示例(代码 6 – 18)。

代码 6 – 18   用 Python 进行 union( )转化操作

```
errorsRDD = inputRDD. filter(lambda x: "error" in x)
warningsRDD = inputRDD. filter(lambda x: "warning" in x)
badLinesRDD = errorsRDD. union(warningsRDD)
```

union( ) 与 filter( ) 的不同点在于它操作两个 RDD 而不是一个。

最后要说的是，通过转化操作，从已有的 RDD 中派生出新的 RDD 时 Spark 会使用"血缘关系"来记录不同 RDD 之间的依赖关系。Spark 需要用这些信息来按需计算每个 RDD，也可以依靠"血缘关系"在持久化的 RDD 丢失部分数据时恢复所丢失的数据。

6.5　理解 Spark 应用与集群配置

Spark 中几乎一切都是可以配置的，并且所有可配置的参数一般都有默认值。本节主要介绍在 Spark 应用和集群的配置。

6.5.1　Spark 环境变量

Spark 守护进程的行为和配置项，还有环境级的应用配置参数，比如应用应该选择何种 Spark 主进程等，通过 $SPARK_HOME/conf 路径下的 spark – env. sh 文件设置。读取脚本文件 spark – env. sh 的步骤如下所列。

(1)Spark 独立群集主程序和工作节点守护进程(在启动时)。

(2)使用 spark – submit 提交的 Spark 应用。

代码 6 – 19 提供了一些常见的环境变量的设置示范。这些环境变量可以在 spark – env. sh 文件中设置，也可以在运行交互式 Spark 进程(比如 PySpark 或 spark – shell)之前设置为 Shell 的环境变量。

代码 6 – 19　Spark 环境变量

```
export SPARK_HOME = ${SPARK_HOME：-/usr/lib/spark}
export SPARK_LOG_DIR = ${SPARK_LOG_DIR：-/VAR/log/spark}
export HADOOP_HOME = ${HADOOP_HOME：-/usr/lib/hadoop}
export HADOOP_CONF_DIR = ${HADOOP_CONF_DIR：-/EXT/HIVE/CONF}
export HIVE_CONF_DIR = ${HIVE_CONF_DIR：-/etc/hadoop/conf}
export STANDALONE_SPARK_MASTER_HOST = sparkmaster. local
export SPARK_MASTER_PORT = 7077
export SPARK_MASTER_IP = $STANDALONE_SPARK_MASTER_HOST
export SPARK_MASTER_WEBUI_PORT = 8080
export SPARK_WORKER_DIR = ${SPARK_WORKER_DIR：-/var/run/spark/worker}
export SPARK_WORKER_PORT = 7078
export SPARK_WORKER_WEBUI_PORT = 8081
export SPARK_DAEMON_JAVA_OPTS = " – XX：OnOutOfMemoryError = 'kill  – 9% P'"
```

接下来介绍一些常见的 Spark 环境变量以及它们的用处。

1. 与集群管理器无关的变量

表 6 - 2 介绍了一些与所使用的集群管理器无关的环境变量。

表 6 - 2   与集群无关的环境变量

环境变量	说明
SPARK_HOME	Spark 安装路径的根目录。这个变量要始终设置，尤其是系统里安装了多个不同版本的 Spark 的话，这个变量的不正确设置是引起运行时遇到问题的常见原因
JAVA_HOME	Java 安装的位置
PYSPARK_PYTHON	供 PySpark 的驱动器和工作节点上的执行和使用 Python 二进制可执行文件，如果没有指定，PySpark 会使用系统默认的 Python，如果驱动器或工作节点实例上使用多个不同版本的 Python，这个变量一定要设置
PYSPARK_DRIVER _PYTHON	供 PySpark 的驱动器使用 Python 二进制可执行文件，默认 PYSPARK_PYTHON 设置的值
SPARK_DRIVER_R	供 SparkR Shell 使用的 R 的二进制可执行文件，默认值为 R

2. 与 Hadoop 相关的环境变量

如果以任意模式部署的 Spark 需要访问 HDFS，或者访问 Yarn 客服端或以 Yarn 集群模式运行 Spark 需要访问 Yarn 的资源，又或者 Spark 要访问 HCatalog 或者 Hive 中的对象，就需要设置表 6 - 3 中的相关环境变量。

表 6 - 3   与 Hadoop 相关的环境变量

环境变量	说明
HADOOP_CONF_DIR 或 YARN_CONF_DIR	Hadoop 配置文件的位置。Spark 使用该环境变量路径寻找默认的文件系统和 Yarn 资源管理器的地址。两个环境变量任选一个设置即可，一般倾向于设置 HADOOP_CONF_DIR
HADOOP_HOME	Hadoop 安装路径。Spark 使用环境变量寻找 Hadoop 配置文件
HIVE_CONF_DIR	Hive 配置文件的位置，Spark 使用该环境变量来定位 Hive 元数据库以及其他初始化 Hive Context 对象所需要的 Hive 属性；还有一些针对 Hive Server 2 的环境变量；一般来说，只需要设置 HIVE_CONF_DIR，因为 Spark 能推断出与他相关的其他属性

3. Yarn 专用的环境变量

表 6 - 4 介绍的环境变量是专门针对在 Yarn 集群上运行 Spark 应用的，不论使用集群部署模式还是客户端部署模式。

表 6 - 4　Yarn 专用的环境变量

环境变量	说明
SPARK_EXECUTOP_INSTANCES	在 Yarn 集群上启动 Spark 执行器的数量。默认值为 2
SPARK_EXECUTOP_MEMOYRY	在每个执行器分配内存。默认值 1 GB
SPARK_DRIVER_MEMORY	在以集群部署模式下运行，分配给驱动器进行内存，默认值为 1 GB
SPARK_YARN_APP_NAME	应用的名字。用于在 Yarn 资源管理器用户界面中展示，默认值为 Spark
SPARK_YARN_QUEUE	默认把应用程序提交到 Yarn 的那个队列中，默认值为 default
SPARK _ YARN _ DIST _ FILES 或 SPARK _ YARN_DIST_ARCHIVES	以逗号分离的压缩文件列表，随作业分发。这样执行器就能在运行时访问这些文件

4. 集群模式下部署应用时相关的环境变量

表 6 -5 列出的变量用于集群模式运行的应用，也就是使用 spark - submit 选择独立集群或 Yarn 集群管理器并使用 - - deploy - mode cluster 的情况。使用 Yarn 时可以直接通过 - - master yarn - cluster 设置主进程参数与部署模式。集群内的工作节点(Spark 工作节点或 Yarn 和 Node Manager)上运行的执行器和驱动器进程会读取这些变量。

表 6 - 5　集群模式下部署应用时相关的环境变量

环境变量	说明
SPARK_LOCAL_IP	用于在机器上绑定 Spark 进程的本地 IP 地址
SPARK_PUBLIC_DNS	Spark 驱动器用了告知其他主机的主机名字
SPARK_CLASSPATH	Spark 默认类的路径
SPARK_LOCAL_DIRS	用于在系统中的 RDD 存储和混洗数据的路径

Spark 会话时，不会读取 spark - env. sh 文件，因 Spark 在使用当前用户环境中的环境变量。许多 Spark 环境变量都有等价的配置属性，而配置属性可以用多种方式进行设置。

5. 用于 Spark 独立集群守护进程的环境变量

表 6 -6 展示了有 Spark 独立集群的守护进程(主进程和工作节点进程)读取环境变量。

表 6-6　用于 Spark 独立集群守护进程的环境变量

环境变量	说明
SPARK_MASTER_IP	运行 Spark 主进程的主机名或 IP 地址（Spark 集群所在的节点和任意用来提交引用的客服端都需要设置）
SPARK_MASTER_PORT 和 SPARK_MASTER_WEBUI_PORT	分别在主程序网络用户界面以及 IPC 同行的端口号中使用，如果没有指定，分别默认使用 7077 和 8080 端口
SPARK_MASTER_OPTS 和 SPARK_WORKER_OPTS	托管 Spark 主程序和工作进程的 JVM 使用的额外的 Java 选项，使用时，这个值需要设置为 $-Dx=y$ 的标准形式
SPARK_DAEMON_MEMORY	为主程序、工作节点进程以及历史服务器分配内存量，默认值为 1 GB
SPARK_WORKER_INSTANCES	每一个从节点上启动的工作节点守护进程数，默认值为 1
SPARK_WORKER_CORES	Spark 工作节点进程用来分配执行的 CPU 数量
SPARK_WORKER_MEMORY	工作节点用来分配给执行器的内存总量
SPARK_WORKER_PORT 和 SPARK_WORKER_WEBUI_PORT	分别用于 IPC 通信和工作节点网络用户界面的端口号；若用户未指定端口，默认使用 8081 端口，工作节点通信会使用随机端口
SPARK_WORKER_DIR	设置工作节点进程的工作路径

6.5.2　Spark 配置属性

Spark 配置属性一般设置在一个节点上，比如主节点或工作节点，或者由提交的应用驱动器所在的主机配置。配置属性的作用范围一般要比环境变量更小，比如只作用于应用的生命周期内。配置属性比环境变量的优先级更高。

Spark 配置属性有很多，与各种操作方面相关。表 6-7 介绍了一些常见的配置属性。

表 6-7　常见的 Spark 配置属性

属性	说明
spark. driver. memory	分配给驱动器进程的内存量，默认为 1 GB
spark. executor. memory	每个执行器进程使用内存量，默认为 1 GB
spark. executor. cores	每个执行器使用的核心数，在独立模式集群下，默认使用工作节点上所有可用的 CPU 核心；把这个属性设置为比可用核心数小的值，这样就可以在一个节点上生成多个并行的执行器进程；在 Yarn 模式下，每个执行器使用一个核心

续表 6-7

属性	说明
spark. diver. extraJavaOptions 和 spark. executor. extraJavaOptions	托管；Spark 驱动器和执行器进程的 JVM 使用额外的 Java 选项；使用时这个值需要设置为 $-Dx=y$ 的标准形式
spark. diver. extraClassOptions 和 spark. executor. extraClassOptions	若要使用或引入没有打包的其他类，需要设置这个驱动器和执行器进程所需要的额外的类路径入口
spark. dynamicAllocation. enabled 和 spark. shuffle. service. enabled	使用这两个属性用来改变 Spark 的默认调度行为

1. 设置 Spark 配置属性

Spark 可以通过 $SPARK_HOME/conf/speak-defaults. conf 文件进行更改配置属性，在启动时，Spark 应用和守护进程会读取该文件。代码 6-20 展示了一个典型的 spark-default. conf 文件片段。

代码 6-20　spark-default. conf 文件里的 spark 配置属性

```
spark. master                    yarn
spark. eventLog. enable          ture
spark. eventlog. dir             hdfs：//var/log/spark/apps
spark. history. fs. logDirectory hdfs：//var/log/spark/apps
spark. executor. memory          2176M
spark. executor. cores           4
```

Spark 配置属性也可以通过驱动器程序代码使用 SparkConf 对象在程序中进行设置，如代码 6-21 所示。

代码 6-21　在程序中设置 Spark 配置属性

```
from PySpark. context import SparkContext
from PySpark. conf import SparkConf
conf = SparkConf( )
conf. set( 'spark. executor. memory', "3g" )
sc = SparkContext( conf = conf)
```

SparkConf 对象提供了一些方法用于设置特定的常用属性。代码 6-22 使用了一些这样的方法。

125

代码 6 – 22　　Spark 配置对象的方法

```
from PySpark. context import SparkContext
from PySpark. conf import SparkConf
conf = SparkConf( )
conf. setAppName("MysparkAPP")
conf. setMaster("yarn")
conf. setSparkHome("/usr/lib/spark")
sc = SparkContext( conf = conf)
```

在大多数情况下，使用 spark – shell、PypSpark 和 spark – submit 的命令参数来设置 Spark 配置属性。

使用 spark – shell，Pysaprk 和 spark – submit 的命令参数来设置 Spark 配置属性时，需要使用常用的参数专用的参数名，比如 – – executor – memory。没有提供专用参数的其他任意属性可以使用 – – conf PROP = VALUE 来设置，也可以使用 – – properties – file FILE 从配置文件加载其他的参数。代码 6 – 23 提供了两种方式的实例。

代码 6 – 23　　向 Spark – submit 传递 Spark 配置参数

```
#使用参数设置配置属性
$ SPARK_HOME/bin/spark – submit – – executor – memory 1g – – conf spark. dynamicAllocation.
enable = ture myapp. py
#使用配置文件设置配置属性
$ SPARK_HOME/bin/spark – submit – – properties – file test. confmyapp. py
```

可以使用 SparkConf. toDebugString( )方法在 Spark 应用中打印当前的配置项，如代码 6 – 24所示。

代码 6 – 24　　展示当前的 Spark 配置

```
from PySpark. context import SparkContext
from PySpark. comf import SparkConf
#conf = SparkConf( )
print( conf. toDebugString( ))

#输出结果
#spark. app. name = PySparkshell
#spark. master = yarn – client
#spark. submit. deployMode = client
#spark. yarn. isPython = ture
```

应该发现，可用多种方式设置同一个配置参数，包括环境变量、Spark 默认配置属性和命令行参数。表 6 - 8 展示一些可以多种方式设置的属性，许多其他属性也有类似的配置方式。

表 6 - 8　设置 Spark 配置参数的各种方式

参数	配置属性	属性环境变量
− − master	spark. master	SPARK _ MASTER _ IP 或 SPARK _ MASTER _PORT
− − name	spark. app. name	SPARK_YARN_APP_NAME
− − queue	spark. yarn. queue	SPAEK_YARN_QUEUE
− − executor − memory	spark. executor. memory	SPARK_EXECUTOR_MEMORY
− − executor − cross	spark. executor. cores	SPARK_EXECUTOR_CORES

2. Spark 配置的优先级

直接在应用内使用 SparkConf 对象设置的配置属性具有最高的优先级，其次是 spark - submit、PySpark 或者 spark - shell 的参数，再次是 spark - defaults. conf 文件里面设置的选项。许多配置属性没有通过本书介绍的这些方式明确设置，这时即为系统的默认值。

3. 配置管理

配置管理是管理 Spark 集群或者任意其他集群所涉及的最大挑战之一。一般情况下，不同的主机应该使用一致的配置设置，Spark 集群内不同的工作节点也是这样。Puppet 和 Chef 这种配置管理和部署工具可以用于管理 Spark 部署和配置项。Hadoop 的商业发行版通常把 Spark 作为 Hadoop 供应商提供的一部分部署，如果使用的其中 Spark 并进行管理，可以使用 Hadoop 供应商的管理界面。比如 Cloudera 版本的 Hadoop 提供的 Cloudera Manager，或者是 Hortonworks 提供的 Ambari。

另外，还有其他的管理配置的方式，比如 Apache Amaterasu，它会以代码的形式使用流水线来构建、运行和管理环境。

6.6　Spark 优化

Spark 运行时框架总是尽可能的优化 Spark 应用的阶段和任务。但是，开发者还是可以优化显著提高应用的性能。现在下列几节中介绍写优化的方法。

6.6.1　早过滤，勤过滤

这一点很好理解，在应用之前尽早地过滤掉不需要的记录和字段，能显著提升性能。大数据（特别是事件数据、日志数据和传感器数据）一般都有较低的信噪比。尽早地过滤掉背景噪声可以节省所需要的 CPU 周期、输入和输出的开销以及后续阶段的存储。对于 RDD 而言，可以使用转换操作 filter( ) 移除不需要的记录，使转化操作 map( ) 选出所需要的字段。注意，须在操作引起的数据混洗之前执行这些操作。join( ) 操作前后也要多过滤。这些小小的改动可以将程序的执行周期减少一个数量级，小时级和分钟级的任务只需要分钟级和秒级即可以完成。

6.6.2　优化满足结合律的操作

在使用 Spark 编程时候，sum( ) 和 count( ) 这种满足结合律的操作普遍，在本书中也看到了关于这些操作的数不清的例子。在分布式分区的数据集上，数据混洗也是经常由以上满足结合律的键值对操作引起的。通常 join( )、cogroup( )，还有名字里有 By 或者 ByKey 的转化操作都可以硬气数据混洗。

但是，如果要执行混洗操作，最终的目标是执行满足结合律的操作。比如统计一个键出现的次数，不同的统计方式会产生差异较大的性能结果。使用 groupByKey( ) 和 reduceByKey( )执行 sum( ) 或 count( )操作的区别就是一个很好的例子，这两个操作能获得相同的结果，但性能结果差异较大。但是，如果仅仅是为了根据键聚合结果在分布式分区的数据集上将数据根据键进行分区，那么使用后者一般会更好一点。

在任何必需的数据混洗之前 reduceByKey( )，将值按照对应的键进行组合，使得通过网络传输的数据量减少了，同时对下一个阶段的计算量和内存需求也减少了。代码 6 – 25 中呈现的两端代码。

代码 6 – 25　Spark 中满足结合律的操作

```
rdd. map( lambda x：( x[0], 1))\
. groupByKey( )\
. mapValues( lambda x：sum( x))\
. collect
#更好的方法
rdd. map( lambda x：( x[0], 1))\
. reduceByKey( lambda x, y：x + y)\
. collect( )
```

groupByKey( )还有其他的一些替代品，如果归纳函数的输入和输出类型不一样，可以使用 combineByKey( )；如果满足结合律的操作需要谨慎提供零值，则可以使用 foldBykey( ) 还可以考虑其他的函数，包括 treeReduce( )、treeAggregate( )以及 aggregateByKey( )。

6.6.3　理解函数和闭包的影响

回顾第 2 章对函数闭包的概念。函数会被发到 Spark 集群的执行器里，并且束带所有的绑定变量和自由变量。这个过程提供高效无共享的分布式处理。但是这也可能同时造成一些影响性能和稳定性的问题,理解这一点很重要。

还有一个可能的问题是 Spark 应用中,向函数传递过多的数据,这会导致运行时向应用的执行器发送过量的数据,造成过多的网络传输开销,可能导致工作节点的内存出问题。

在代码 6 - 26 中,虚构了一个附带较大对象的函数声明 big - fn,然后把这个函数使用到 Spark 的转换操作 map( )中。

代码 6 - 26　向函数传递大量数据

```
massive_list = [ . . . ]
def big_fn( x) :
#附带 massive_list 的函数(省略具体函数实现). . .
rdd. map( lambda x : big_fn( x) ) . saveAsTextFile. . .
#把原本会包含的数据并行化
massive_list_rdd = sc. parallelize( massive_list)
rdd. join( massive_list_rdd) . saveAsTextFile
```

使用 Boardcast 方法创建广播变量,是解决这个问题的一种很好的方式。广播变量是通过一种高效的基于 BitTorrent 的点到点的共享协议分发的。考虑尽可能把较大的对象并行化,但这并不是要杜绝向函数传输数据,只是要理解闭包是如何运行的。

6.6.4　收集数据的注意事项

Spark 中有两个有用的函数,即 collect( )和 take( ),两个操作会触发 RDD 以及其整个谱系的计算。当执行 collect( )时,RDD 执行谱系最后任务的执行器会返回所有的结果,并记录到驱动器中。对于大规模的数据集来说,可能有 GB 级和 TB 级别的数据。这样的网络传输负担常常是不必要的,假如所在主机的驱动器没有足够的内存存放收集的对象,则易发生异常情况。

如果只是查看输出的数据,使用 take(n)和 takeSample(n)更好。而且最好把数据集存储到 HDFS 这样的文件系统或数据库中。

6.6.5　使用配置参数调节和优化应用

除了在应用开发中进行优化,还有一些系统层面或平台层面的修改可以提升明显的性能和吞吐量。下面介绍明显影响性能的几类配置项。

1. 优化并行化

spark. default. parallelism 是在应用层面或者使用 spark - default. conf 设置的一个可能有帮助的配置参数。这个参数指定了 reduceByKey( )、join( )和 parallelize( )等转化操作返回的 RDD 在没有提供 Num Partition 参数时使用默认的分区数。

通常推荐把这个值设置为等于或双倍于工作节点核心数的总数。和大部分设置一样，可能需要用不同的值进行试验，从而找到自己环境的最佳设置。

2. 动态分配

在 Spark 默认运行时，部分应用的整个运行周期会始终占用所申请的执行器。另外，如果执行器长时间的时间段都是空闲着，其他应用也无法获取他们所需要的资源。

使用动态分配时，执行器空闲达到一定时长，就会被释放到集群的资源池中。

代码 6 – 27 展示了控制动态分配功能的配置参数。

代码 6 – 27　打开 Spark 动态分配

```
#打开动态分配，这是默认关闭的功能
spark. dynamicAllocation. enable = ture
#执行器数量的下限
spark. dynamicAllocation. minExecutors = n
#执行器数量的上限
spark. dynamicAllocation. maxExecutors = n
#设置当执行器空闲多久时释放，默认为60s
spark. dynamiAllocation. executorIdleTimeout = ns
```

6.6.6　避免低效的分区

低效的分区是造成分布式 Spark 处理中性能不佳的主要原因之一。下面深入介绍低效分区的一些常见的原因。

1. 小文件导致过多的小分区

所含数据量比较小的数据分区称之为小分区，小分区会导致很多小任务出现，生成这些任务的额外开销甚至会超过这些执行任务所需要的处理开销，所以这样的小分区是低效率的。

对于分区的 RDD 执行 filter( )操作可能会导致一些分区明显小于别的分区。这个问题的解决方法是在 filter( )操作之后执行 repartition( )或者 coalesce( )，并指定小于输入 RDD 的分区数。这样可以把小分区合并，获得分区数量更小、更合适的分区。

回顾一下 repartition( )和 coalesce( )的区别。repartition( )重视在需要时混洗记录，而 coalesce( )接受一个 Shuffle 参数，在该参数设置为 False 时不进行数据混洗。因此，coalesce( )只能用来减少分区的数量，而 repartition( )既可以用来减少分区数量，也可以增加分区的数量。

操作分布式文件系统的小文件会导致分区小而低效，尤其是使用 HDFS 这样的文件系统时，Spark 会自然地使用数据块作为 RDD 分区的边界，比如使用 textFile( )操作创建 RDD

时。在这种情况下，一个数据块只能关联一个文件对象，因此小文件就会导致小的数据块，也就导致了小的 RDD 分区。因此，须指定 textFile( ) 函数的 Num Partitions 参数，以控制输入数据的 RDD 分区数量。

2. 避免出现特别大的分区

特别大的分区会导致出现性能问题。加载使用一个或多个使用 Gzip 压缩的不可切分大文件到 RDD，是导致大分区的常见原因之一。因为这些压缩文件没有索引且不可切分，整个压缩文件都要求在一个执行器中处理。如果在执行器上可用的内存量无法满足解压出来的数据量，硬盘上就会出现该分区溢出的数据从而导致性能出问题。

这个问题可由下列方案解决：

(1)尽量避免使用不支持切分的压缩文件。

(2)在本地解压每个文件，然后把文件加载到 RDD 中。

(3)执行重新分区之前对 RDD 进行第一个转化操作。

另外，使用自定义的分区函数进行混洗操作也可能导致大分区的出现。例如，选用所属月份作为一大堆日志数据的分区依据，其中有一个月的数据量明显多于其他月份。这种情况下，一个解决方案是在归约操作之后，使用哈希分区调用 repartition( ) 或者 coalesce( )。

另一个值得借鉴的方法是，在大规模数据混洗之前对数据进行重新分区。这个可以带来明显的性能提升。

3. 选择合适的分区数量或者大小

一般来说，如果分区数小于执行器的个数，一些执行器就会空闲下来。然而最佳分区数或分区大小通常只能通过反复实验找到。不妨把这个值作为程序的输入参数，这样就可以轻松地尝试不同的值，从而找到最合适的值。

6.6.7　应用性能问题诊断

本章已经介绍了很多应用开发的实践经验和程序编辑的技巧，本节将简单介绍找到应用中的性能瓶颈并且对症下药的方法。

1. 使用应用的用户界面诊断性能问题

应用用户界面中包含各种任务、各阶段、调度、存储等方面的信息和指标，可以用来帮助诊断性能问题。应用的用户界面在运行在驱动器程序主机的 4040 端口（如果同时运行了多个程序，端口号将顺延）。而在 Yarn 集群中，应用的用户界面可以通过 Yarn 的 Resource Mananger 用户界面上的 Application Master 链接来进行访问。

2. 数据混洗与任务执行的性能

应用由一个或者多个作业组成，而作业由一个行动操作产生，行动操作包括 saveAsTextFile( )，collect( ) 或 count( ) 等操作。作业由多个或单个阶段组成，而多个或者单个任务构成每个阶段。一个任务操作 RDD 的一个分区。诊断性能问题时，首先要看 Stages

标签页中的阶段汇总信息。在这个标签页上，可以看到每个阶段的持续时间以及混洗的数量。通过点击 Completed Stages(已完成阶段)表中一个阶段对应的 Description(说明)栏，可以看到这个阶段的详情，包括该阶段内每个任务的持续时间和写数据时间。在这里可以发现，不同任务的持续时间或写数据时间差距悬殊，任务持续时间或写数据时间的差异可以作为前一节介绍的低效区分的指标。

3. 数据收集的性能

如果程序中有数据收集阶段，那么 Spark 应用程序的用户界面将显示摘要和详细的性能信息。在详情页面中，可以看到数据收集过程相关的指标，包括收集的数据大小以及数据收集任务的持续时间。

4. 使用 Spark 历史界面诊断性能问题

应用的用户界面只在应用尚未结束时可以访问，因此仅用于诊断正在运行的应用问题。如果需要分析已完成(包括成功和失败)的应用的性能，只能使用 Spark 历史记录服务器应用。Spark 历史记录服务器中的完整应用程序提供与该应用程序的用户界面相同的信息。另外，Spark 历史记录服务器中完成应用的信息一般还可以用来作为当前运行相同应用的性能基准。

6.7 本章小结

本章介绍了在 Python 中使用 Spark 的核心 API（即 RDD API）的所有内容。本章详细探讨了 RDD 分区和可用于 RDD 重新分区的方法，比如 rearition() 和 coalesce() 等，还介绍了以分区为单位操作 RDD 的函数，比如 mapPartitions()。本章还介绍了分区行为以及对性能的影响，还有 RDD 的存储选项。也了解了 RDD 检查点的作用。迭代算法需要不时保存状态，恢复起来代价巨大，检查点在这种场景下的作用尤其明显。介绍了 pipe() 函数，它可以用来在 Spark 中使用外部程序。最后，本章介绍了如何在 Spark 中进行配置，以及优化 Spark 程序的一些思路。

课后习题

1. Spark 重分区函数有哪些？各自的特性和作用分别是什么？
2. RDD 的默认存储级别是什么？有多少种？如何选择 RDD 的存储级别？
3. RDD 中 Sample 的 withReplacement 是怎么用的？withReplacement 为 Ture 或为 False 分别表示什么含义？
4. 详细阅读理解本章 Spark 环境配置属性，有哪些部署工具可以用于管理 Spark 部署和配置项？
5. 本章节提到的 Spark 优化方法有哪些？

第7章

Spark SQL

结构化查询语言(structured query language，SQL)是经常用于定义和表达数据问题的语言。如今，大部分的操作数据可以把表格形式存储在关系型数据库系统里，因此 Spark SQL 提供了一个称为 Data Frame 的编程抽象，可以充当分布式 SQL 查询引擎，从 Spark 程序内部或通过 JDBC/ODBC 连接 SQL 接口查询数据。本章主要介绍 Spark SQL 的环境以及 Spark SQL 一些操作。

7.1 Spark SQL 概述

Spark SQL 属于 Spark 的一个模块，用来处理结构化数据。它具有 Data Frame 和 Data Set 两个编程抽象，作为分布式 SQL 查询引擎。与基本的 Spark RDD API 不同，Spark SQL 提供的接口为 Spark 提供了有关数据结构和正在执行的计算的更多信息。在 Spark 执行程序内部，Spark SQL 使用这些信息来执行额外的优化。Spark SQL 功能特性包括如下几点：

(1)集成。可以无缝地将 SQL 查询与 Spark 程序混合，允许将结构化数据作为 Spark 中的分布式数据集(RDD)进行查询，并在 Python、Scala 和 Java 中集成 API，从而轻松地运行 SQL 查询以及复杂的分析算法。

(2)统一数据访问。可以加载和查询来自各种来源的数据，处理来自 Apache Hive 表、Parquet 文件和 Json 文件的数据。

(3)Hive 兼容性。可以在现有仓库上运行 Hive 查询。

(4)标准连接。可以通过 JDBC 或 ODBC 连接 SQL 接口进行交互。

(5)可扩展性。交互式查询和长查询使用相同的引擎，使查询可以扩展到大型集群进行工作。

7.1.1 Data Frame 与 Data Set

Data Frame 是一个分布式的，按照命名列的形式组织的数据集合，与关系型数据库中的数据库表类似，相当于具有良好优化技术的关系表。可以将 Data Frame 转换成 RDD。可以通过多种数据源创建 Data Frame，包括已有的 RDD、结构化数据文件、JSON 数据集、Hive 表、外部数据库等。

Data Set 是在 Spark 1.6 中添加的一个新接口，是 Data Frame 之上更高一级的抽象。它结合了 RDD 的优点(包括强类型化,使用强大的 lambda 函数的能力)以及 Spark SQL 优化后的执行引擎的优点。值得注意的是,Python 不直接支持 Dataset API,因此本章节着重介绍 Data Frame 的使用。

7.1.2　Spark SQL 逻辑架构

Spark SQL 由 Core、Catalyst、Hive 和 Hive – Thriftserver 组成。

(1)Core 用来处理数据的输入和输出,从不同的数据源取得数据,将查询结果输出成 Data Frame。

(2)Catalys 则执行查询语句的整个阶段,例如解析、绑定、优化、物理计划等,是最重要的部分。

(3)Hive 在 Spark SQL 相当于一个翻译层,把一个 SQL 翻译成分布式可执行的 Spark 程序

(4)Hive – thriftserver 提供 Spark SQL CLI 和 JDBC/ODBC 接口。

7.1.3　Spark SQL 运行原理

(1)在解析 SQL 语句之前,首先创建 Spark Session,Spark Session 只会封装 Spark Context 和 SQL Context 的创建,然后把元数据存储在 Session Catalog 中。

(2)解析 SQL,使用 Antlr 生成未绑定的逻辑计划。在该阶段,Analyzer 会使用 Analyzer Rules,并结合 Session Catalog 对未绑定的逻辑计划进行解析,生成已绑定的逻辑计划。

(3)使用优化器 Optimizer 优化逻辑计划。优化器也会定义一套 Rules,并利用这些 Rule 对逻辑计划和 Exepression 进行迭代处理,使得树的节点进行合并以及优化。

(4)使用 Spark Planner 生成物理计划。Spark Spanner 使用 Planning Strategies,对优化后的逻辑计划进行转换,生成可以执行的物理计划 Spark Plan。

(5)使用 Query Execution 执行物理计划。此时调用 Spark Plan 的 Execute 方法,底层其实已经在触发 Job 了,触发后返回 RDD。

7.2　运行环境

7.2.1　结合 Hive

Apache Hive 是基于 Hadoop 的数据仓库,由 Facebook 在 2010 年发起。Hive 在 Hadoop 的 Map Reduce 之上提供高层的类 SQL 抽象,并引入了一种新的语言,称为 Hive 查询语言 (Hive query language,HiveQL)。HiveQL 实现了 SQL – 92(国际认可的 SQL 语言标准)的一个子集,并加上了一些扩展。

为了让 Spark 能够访问 Hive,因此必须为 Spark 添加 Hive 支持。Spark 官方提供的预编译版本,一般情况下是不会含有 Hive 支持的,需要使用源码编译,编译获得一个含 Hive 支持的 Spark 版本。

可以测试一下已安装好了的 Spark 版本能不能支持使用 Hive。使用终端运行以下命令

（代码 7 - 1）。

代码 7 - 1

```
> > > cd /usr/local/spark/bin/pyspark
```

如此就启动进入了 Spark Shell，在 Scala 命令提示符下输入以下代码。

代码 7 - 2

```
scala > import org. apache. spark. sql. hive. HiveContext
< console > : 25 : error : object hive is not a member of package org. apache. spark. sql
import org. apache. spark. sql. hive. HiveContext
                ^
```

以上代码输出的错误信息表示 Spark 无法识别 org. apache. spark. sql. hive. HiveContext，即当前的 Spark 版本不包含 Hive 支持。

如果当前的 Spark 版本含有 Hive 支持，那么应该显示如下正确信息（代码 7 - 3）。

代码 7 - 3

```
scala > import org. apache. spark. sql. hive. HiveContext
import org. apache. spark. sql. hive. HiveContext
```

如果已安装的 Spark 不包含 Hive 支持，可以利用源码编译的方法取得支持 Hive 的 Spark 版本。

（1）通过下载地址 http：//spark. apache. org/downloads. html 进入页面，按照图 7 - 1 所示的配置选择"2. 1. 0（Dec 28，2016）"（或其他更高版本）和"Source Code"。在图中有"Download Spark：spark - 2. 1. 0. tgz"的下载链接，点击这个链接就能下载 Spark 源码文件了。

将下载的源代码解压缩到一个英文目录（如果是带有中文名称的目录在进行打包编译时，会经常出现错误）。然后在编译命令中设定某些选项，目的是让 Spark 支持 Hive。注意，在编译时需要提供已经安装好的 Hadoop 的版本，请在终端下使用下面命令查询 Hadoop 版本（代码 7 - 4）。

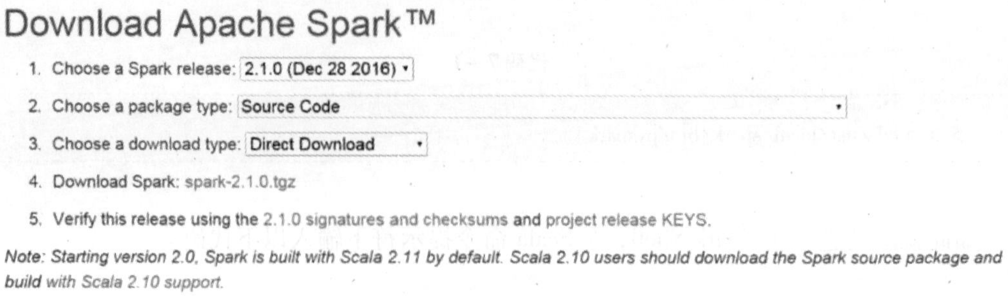

Download Apache Spark™

1. Choose a Spark release: 2.1.0 (Dec 28 2016) ▾
2. Choose a package type: Source Code ▾
3. Choose a download type: Direct Download ▾
4. Download Spark: spark-2.1.0.tgz
5. Verify this release using the 2.1.0 signatures and checksums and project release KEYS.

Note: Starting version 2.0, Spark is built with Scala 2.11 by default. Scala 2.10 users should download the Spark source package and build with Scala 2.10 support.

图 7 – 1　下载源代码

代码 7 – 4

```
> > >hadoop version
```

接下来就能运行编译命令了。对 Spark 源码进行编译，以支持 Hive，命令如下（代码 7 – 5）：

代码 7 – 5

```
> > >cd /home/hadoop/spark – 2. 1. 0
> > >. /dev/make – distribution. sh – tgz – name h27hive – Pyarn – Phadoop – 2. 7 – Dhadoop. version = 2. 7. 1 – Phive  – Phive – thriftserver – DskipTests
```

其中，各参数说明如下：
– PHadoop – 2. 7 – DHadoop. version = 2. 7. 1 指定安装 spark 时的 Hadoop 版本，安装时注意对应，这个 Hadoop 版本是当前已经安装的 Hadoop 的版本。
– PHive – PHive – thriftserver 这两个选项让其支持 Hive。
– DskipTests 能避免发生测试不通过时发生的错误。
上述编译命令运行时间，根据计算机和网络情况，具体的耗费时间不一样。编译成功以后，得到一个文件名为“spark – 2. 1. 0 – bin – h27hive. tgz”的文件，这个文件即包含 Hive 支持的 Spark 安装。

7.2.2　安装 Hive

启动 Hive 之前，需要安装支持 Hive 的 Spark 版本。以下开始介绍安装新的 Spark 版本（包含 Hive 支持）过程（代码 7 – 6）。

代码 7 - 6

```
#进入文件目录
＞＞＞cd /home/hadoop/download/
＞＞＞sudo tar - zxf ~ /download/spark - 2.1.0 - bin - h27hive. tgz - C /usr/local
#执行上面的解压缩命令时需要输入当前登录用户的登录密码
＞＞＞cd /usr/local
＞＞＞sudo mv ./spark - 2.1.0 - bin - h27hive ./sparkwithhive
＞＞＞sudo chown - R hadoop：hadoop ./sparkwithhive
＞＞＞cd /usr/local/sparkwithhive/
＞＞＞cp ./conf/spark - env. sh. template ./conf/spark - env. sh
```

通过 vim ./conf/spark - env. sh 命令打开 spark - env. sh 文件，在文件开头的第一行增加一行内容如下(代码 7 -7)。

代码 7 - 7

```
export SPARK_DIST_CLASSPATH = $ (/usr/local/hadoop/bin/hadoop classpath)
```

编辑保存 spark - env. sh 后，继续执行如下命令(代码 7 - 8)。

代码 7 - 8

```
＞＞＞cd /usr/local/spark
＞＞＞cd /usr/local/sparkwithhive
#下面运行一个样例程序，测试是否成功安装
＞＞＞bin/run - example SparkPi 2 >&1 | grep "Pi is"
```

如果显示下面信息，则表示安装成功(代码 7 -9)。

代码 7 - 9

```
Pi is roughly 3.146315731578658
```

为了 Spark 能成功访问 Hive，需要把 Hive 的配置文件 hive - site. xml 复制到 Spark 的 conf 目录下，因此需在 Shell 命令提示符状态下操作(代码 7 - 10)。

代码 7 – 10

```
> > > cd /usr/local/sparkwithhive/conf
> > > cp /usr/local/hive/conf/hive – site. xml.
```

启动进入 pyspark，命令如下（代码 7 – 11）。

代码 7 – 11

```
> > > cd /usr/local/sparkwithhive/bin/pyspark
```

输入下面语句（代码 7 – 12）。

代码 7 – 12

```
from pyspark. sql import HiveContext
```

若没有显示错误提示，则表示当前运行的 Spark 版本可以支持 Hive，这时候就可以进行下面的 Hive 数据读写操作了。

（1）首先启动 MySQL 数据库（需要先安装 MySQL 数据库）（代码 7 – 13）。

代码 7 – 13

```
#可以在 Linux 的任何目录下执行该命令
> > > service mysql start
```

因为 Hive 是基于 Hadoop 的数据仓库，利用 HiveQL 语言撰写的查询语句，最后都会被 Hive 自动解析成 Map Reduce 任务由 Hadoop 去具体执行。所以，需要先启动 Hadoop，然后进行启动 Hive。

（2）执行以下命令启动 Hadoop（代码 7 – 14）。

代码 7 – 14

```
> > > cd /usr/local/hadoop. /sbin/start – all. sh
```

（3）Hadoop 启动成功以后，可以再启动 Hive（代码 7 – 15）。

代码 7 – 15

```
#由于已经配置了 Path 环境变量,这里也可以直接使用 Hive,不加路径
> > > cd /usr/local/hive. /bin/hive
```

7.3　Data Frame 编程模型

Data Frame 可以看作 Series 组成的字典。Series 的各个 index 可以看作列索引。它与 Excel 相似,是一种二维表。Spark 中所有功能的入口是 Spark Session 类。要创建一个基本的 Spark Session 对象,只需要使用 Spark Session. builder(代码 7 – 16)。

代码 7 – 16

```
from pyspark. sql import SparkSession
spark = SparkSession
    . builder
    . appName("Python Spark SQL basic example")
    . config("spark. some. config. option", "some – value")
    . getOrCreate()
```

其中,appName 是设置应用名称,config 可以设置应用运行的配置选项。

Spark 2.0 中的 Spark Session 为 Hive 功能提供了内置支持,包括使用 HiveQL 编写查询,访问 Hive UDF 以及从 Hive 表读取数据的能力。

7.3.1　Data Frame 数据类型

Spark SQL 和 Data Frame 支持的数据类型见表 7 – 1。

表 7 – 1　Data Frame 支持数据类型

类型	具体类型
数值类型	● Byte Type:表示 1 字节长的有符号整型,数值范围:– 128 ~ 127 ● Short Type:表示 2 字节长的有符号整型,数值范围:– 32768 ~ 32767 ● Integer Type:表示 4 字节长的有符号整型,数值范围:– 2147483648 ~ 2147483647 ● Long Type:表示 8 字节长的有符号整型,数值范围:– 9223372036854775808 ~ 9223372036854775807 ● Float Type:表示 4 字节长的单精度浮点数 ● Double Type:表示 8 字节长的双精度浮点数 ● Decimal Type:表示任意精度的有符号的十进制数

续表 7 - 1

类型	具体类型
字符串类型	String Type：表示字符串值
二进制类型	Binary Type：表示字节序列值
布尔类型	Boolean Type：表示布尔值
时间类型	• Timestamp Type：表示由年、月、日、时、分以及秒等字段值组成的时间值 • Date Type：表示由年、月、日字段值组成的日期值
复杂类型	• Array Type(element Type, containsNull)：表示由元素类型为 element Type 的序列组成的值，containsNull 用来标识 Array Type 中的元素值能否为 null • Map Type(Key Type, value Type, valueContainsNull)：表示由一组键值对组成的值。键的数据类型由 keyType 表示，值的数据类型由 valueType 表示。对于 Map Type 值，键值不允许为 null。valueContainsNull 用来表示一个 Map Type 的值是否能为 null • Struct Type(fields)：表示由 Struct Field 序列描述的结构 • Struct Field(name, datatype, nullable)：表示 Struct Type 中的一个字段，name 表示字段名。Data Type 表示字段的数据类型，Nullable 用来表示该字段的值是否可以为 null

7.3.2 创建 Data Frame

Spark 提供了几个样例数据，保存在"/usr/local/spark/examples/src/main/resources/"目录，这个目录下有两个样例数据 people. json 和 people. txt。

people. json 文件的内容如下(代码 7 - 17)。

代码 7 - 17

```
{"name"："Michael"}
{"name"："Andy","age"：30}
{"name"："Justin","age"：19}
```

people. txt 文件的内容如下(代码 7 - 18)。

代码 7 - 18

```
Michael, 29
Andy, 30
Justin, 19
```

代码 7 - 19 从 people. json 文件中读取数据并生成 Data Frame(使用代码 7 - 16 中创建的 Spark Session 入口实例)。

代码 7 – 19

```
#从已有文件中创建 Data Frame
df = spark. read. load( " examples/src/main/resources/people. json" , format = " json" )
#显示 Data Frame 内容
df. show( )
# + - - - - + - - - - - - - +
# |   age   |     name      |
# + - - - - + - - - - - - - +
# |  null   |   Michael     |
# |   30    |    Andy       |
# |   19    |    Justin     |
# + - - - - + - - - - - - - +
```

加载 CSV 文件可以修改 format 参数，并附带相应参数，如代码 7 – 20 所示。

代码 7 – 20

```
df = spark. read. load( " examples/src/main/resources/people. csv" ,
                    format = " csv" , sep = " : " , inferSchema = " true" , header = " true" )
```

除了已有数据文件，还可以通过 RDD 创建 Data Frame(代码 7 – 21)。

代码 7 – 21

```
from pyspark import Row
rdd = sc. parallelize( [
        Row( name = 'Michael', age = 29) ,
        Row( name = 'Andy', age = 30) ,
        Row( name = 'Justin', age = 19)
    ])
df1 = spark. createDataFrame( rdd)
df1. show( )
```

或者通过加载文本文件转为 RDD 数据，并创建 Data Frame(代码 7 – 22)。

代码 7 - 22

```
from pyspark. sql import Row

sc = spark. sparkContext

#加载文本文件，并转为行数据
lines = sc. textFile("examples/src/main/resources/people. txt")
parts = lines. map(lambda l: l. split(","))
people = parts. map(lambda p: Row(name = p[0], age = int(p[1])))

#创建 Data Frame，并作为一个表注册
df = spark. createDataFrame(people)
```

还可以通过 JDBC 连接关系型数据库创建 Data Frame，并且可以轻松地在 Spark SQL 中处理或与其他数据源合并(代码 7 - 23)。

代码 7 - 23

```
#从 JDBC 源中加载 Data Frame
jdbcDF = spark. read
    . format("jdbc")
    . option("url", "jdbc: postgresql: dbserver")
    . option("dbtable", "schema. tablename")
    . option("user", "username")
    . option("password", "password")
    . load()

#使用 JDBC 数据源 URL 加载 Data Frame
jdbcDF2 = spark. read
    . jdbc("jdbc: postgresql: dbserver", "schema. tablename",
        properties = {"user": "username", "password": "password"})

#在加载时指定列的数据类型
jdbcDF3 = spark. read
    . format("jdbc")
    . option("url", "jdbc: postgresql: dbserver")
    . option("dbtable", "schema. tablename")
    . option("user", "username")
    . option("password", "password")
    . option("customSchema", "id DECIMAL(38, 0), name STRING") \
    . load()
```

7.3.3　保存 Data Frame

Data Frame 可以利用 Data Frame Writer 将实例存储到各种外部存储系统中。

（1）通用保存方法，save（path = None，format = None，mode = None，partitionBy = None，* options）。

其中，path 为保存路径；format 用以设置保存的数据格式；mode 表示当要保存的目标位置已经有数据时，设置应该怎样保存；partitionBy 用以按照指定的列名来保存。

除使用参数，也可以通过方法进行调用（代码 7 - 24、代码 7 - 25）。

代码 7 - 24

```
df. write. format('json'). save('./data. json')
```

代码 7 - 25

```
df. write. partitionBy('year', 'month'). parquet('./data. dat')
```

（2）专用保存，将 Data Frame 保存为不同的数据文件。

①csv( )，将 Data Frame 保存为 csv 文件（代码 7 - 26）。

代码 7 - 26

```
df. write. csv('./data. csv')
```

②insertInto( )，将 Data Frame 保存在 table 中（代码 7 - 27）。

代码 7 - 27

```
df. insertInto(tableName, overwrite = False)
```

这个方法要求当前的 Data Frame 与指定的 table 具有同样的 schema。其中 overwrite 参数指定是否覆盖 table 现有的数据。

③jdbc( )，将 Data Frame 保存在数据库中（代码 7 - 28）。

代码 7 - 28

```
df. jdbc(url, table, mode = None, properties = None)
```

其中参数意义如下。

- url：一个 JDBC URL，格式为：jdbc；subprotocol；subname。
- table：表名。
- mode：指定的数据表中已经有数据存在时的保存方式。可以为'append'：追加写入，'overwrite'：覆写已有数据，'ignore'：忽略本次保存操作(不保存)，'error'：抛出异常(默认行为)。
- properties：字典，用于定义 JDBC 连接参数。通常为{ 'user'：'SYSTEM'，'password'：'mypassword'}。

④json( )，将 Data Frame 保存为 json 文件，如 json(path, mode = None, compression = None, dateFormat = None, timestampFormat = None)。

代码 7 - 29

```
df. write. json('. / data. json')
```

⑤orc( )，将 Data Frame 保存为 orc 文件(代码 7 - 30)。

代码 7 - 30

```
df. orc( path, mode = None, partitionBy = None, compression = None)
```

⑧pqrquet( )，将 Data Frame 保存为 pqrquet 格式的文件(代码 7 - 31)。

代码 7 - 31

```
df. parquet( path, mode = None, partitionBy = None, compression = None)
```

除此之外，可以使用 saveAsTable 命令将 Data Frames 作为持久性表保存到 Hive Metastore 中。注意，使用此功能不需要现有的 Hive 部署。如没有 Hive 部署，Spark 将创建一个默认的本地 Hive Metastore (使用 Derby)。与 createOrReplaceTempView 命令不同，saveAsTable 将具体化 Data Frame 的内容并在 Hive 元存储中创建一个指向数据的指针。即使重新启动 Spark 程序，持久表仍将存在，只要保持与同一 Meta Store 的连接即可。可以通过使用表名称在 Spark Session 上调用 table 方法来创建持久表的 Data Frame。

7.4 Data Frame 常见操作

Spark SQL 中的 Data Frame 就像一张关系型的数据表。大部分在关系型数据库里对单表执行的查询操作，在 Data Frame 中都能够调用其 API 接口来完成。

7.4.1 使用 SQL 查询

Data Frame 可以直接执行 SQL 语句查询(代码 7 - 32)。

代码 7 - 32

```
#将已经存在的 Data Frame 注册为 SQL 临时视图(SQL temporary view)
df.createOrReplaceTempView("people")
#直接使用 SQL 语句进行查询
sqlDF = spark.sql("SELECT * FROM people")
sqlDF.show()
# +  -  -  -  - +  -  -  -  -  -  -  - +
# |  age  |     name     |
# +  -  -  -  - +  -  -  -  -  -  -  - +
# |  null |    Michael   |
# |   30  |    Andy      |
# |   19  |    Justin    |
# +  -  -  -  - +  -  -  -  -  -  -  - +
```

还可以在文件数据上直接执行 SQL 查询(代码 7 - 33)。

代码 7 - 33

```
df = spark.sql("SELECT * FROM parquet.'examples/src/main/resources/users.parquet'")
```

上述 Spark SQL 中的临时视图是会话作用域的，如果会话终止则临时视图消失。如果要在所有会话之间共享一个临时视图并保持活动状态，直到 Spark 应用程序终止，则可以创建全局临时视图。全局临时视图与系统保留的数据库 global_temp 相关联，我们必须使用限定名称来引用它(代码 7 - 34)。

代码 7－34

```
#将 Data Frame 注册为全局临时视图
df. createGlobalTempView("people")
#全局临时视图与系统保留的 global_temp 关联
spark. sql("SELECT * FROM global_temp. people"). show()
#+ - - - + - - - - - - +
# |  age  |    name    |
#+ - - - + - - - - - - +
# |  null  |   Michael   |
# |  30   |    Andy     |
# |  19   |    Justin    |
#+ - - - + - - - - - - +

#新的会话也可以使用全局临时视图
spark. newSession(). sql("SELECT * FROM global_temp. people"). show()
#+ - - - + - - - - - - +
# |  age  |    name    |
#+ - - - + - - - - - - +
# |  null  |   Michael   |
# |  30   |    Andy     |
# |  19   |    Justin    |
#+ - - - + - - - - - - +
```

7.4.2　数据展示

Data Frame 可以通过 show()来展示数据。用表格的形式在输出中显示数据，与 SQL 查询中的 select * from spark_sql_test 的功能相类似(代码 7－35)。

代码 7－35

```
df. show(n = 20, truncate = Ture)
```

show()方法将 Data Frame 的前 n 行展示到控制台上。不同于 collect()或 take()，show()并不把结果返回到变量，它仅仅用来查看 Data Frame 内容或部分内容。truncate 表示是否截取过长字符串并在单元格内右对齐。

7.4.3　常用列操作

(1)select()(代码 7－36)。

代码 7 – 36

```
df. select("name"). show()
#+ - - - - - - - +
#|      name      |
#+ - - - - - - - +
#|    Michael     |
#|     Andy       |
#|    Justin      |
#+ - - - - - - - +

#指定 name、age 列, 并将 age 加 1
df. select(df['name'], df['age'] + 1). show()
#+ - - - - - - - + - - - - - - - - +
#|      name      |    (age + 1)    |
#+ - - - - - - - + - - - - - - - - +
#|    Michael     |      null       |
#|     Andy       |       31        |
#|    Justin      |       20        |
#+ - - - - - - - + - - - - - - - - +
```

select()方法通过 cols 参数指定的列反馈一个新的 Data Frame 对象。可以使用星号
(∗)选出 Data Frame 中所有的数据列进行任意操作。

(2) drop(代码 7 – 37)。

代码 7 – 37

```
df. drop(col)
```

drop()方法返回一个已经删除 col 参数指定的列的新 Data Frame。

7.4.4　过滤

在现实编程中, 常常会需要一种操作, 在遍历一个集合的同时能从中取得满足指定条
件的元素, 并整合成一个新的集合。

(1) filter()(代码 7 – 38)。

代码 7 – 38

```
df. filter(condition)
```

filter( )方法返回只含有满足制定条件行的新 Data Frame。筛选条件由 condition 参数提供,求值结果为 True 或 False(代码7 – 39)。

代码 7 – 39

```
#选择 age 大于 21 的行数据
df.filter(df['age'] >21).show()
# + – – – + – – – – +
# |  age  |  name  |
# + – – – + – – – – +
# |  30  |  Andy  |
# + – – – + – – – – +
```

where( )是 filter( )方法的别名,两个方法可以互换使用。

(2)distinct( )(代码7 – 40)。

代码 7 – 40

```
df.distinct()
```

distinct( )方法返回含有输入 Data Frame 中不重复的新的 Data Frame,其实就是过滤掉重复的行(代码7 – 41)。

代码 7 – 41

```
rdd = sc.paralleize([('Jeff', 48), ('Kellie', 45), ('Jeff', 48)])
df = spark.createDataFrame(rdd)
df.distinct()
df.show()
```

注意,drop_duplicates( )方法具有类似功能,还可以让用户选择仅过滤选定列的重复数据。

7.4.5 排序

主要用以下函数进行数据排序。

(1)orderBy(∗cols, ascending):返回一个新的 Data Frame,它基于旧的 Data Frame 指定列进行排序。参数解释如下。

①cols:列名是 Column 的列表,也可以给定排序列。

②ascending：一个布尔值，或者一个布尔值列表，默认值为 True，指定了是升序还是降序排序。

（2）sort(* cols, ascending)：返回一个新的 Data Frame，基于旧的 Data Frame 规定列排序。参数解释如下。

①cols：一个列名或者 Column 的列表，指定了排序列。

②ascending：一个布尔值，或者一个布尔值列表，默认值为 True，指定了是升序还是降序排序。

（3）sortWithinPartitions(* cols, ascending)：返回一个新的 Data Frame，它根据旧的 Data Frame 指定列在每个分区进行排序。参数解释如下。

①cols：一个列名或者 Column 的列表，指定了排序列。

②ascending：一个布尔值，或者一个布尔值列表，默认值为 True，指定了是升序还是降序排序。

代码 7 - 42

```
from pyspark. sql. functions import *
df. sort( df. age. desc( ) )
df. sort( "age" , ascending = False)
df. sort( asc( "age" ) )


df. orderBy( df. age. desc( ) )
df. orderBy( "age" , ascending = False)
df. orderBy( asc( "age" ) )
```

7.4.6　其他常见操作

除了以上常见的操作，Data Frame 还有很多实用操作，下面介绍这些操作的使用。join( )、union( )等集合操作也是 Data Frame 的常见需求，因为这两个函数都是关系型 SQL 编程中不可或缺的操作。

Data Frame 的连接操作支持 RDD API 和 HiveQL 所支持的所有连接操作，包括内连接、外连接以及左半连接。

（1）join( )（代码 7 -43）。

代码 7 -43

```
df. join( other, on = None, how = None)
```

join( )方法引用 Data Frame 把现在的 Data Frame 与 other 参数执行连接操作，通过连接操作的结果建立一个新的 Data Frame。on 参数表示指定一个列或一组列或一个表达式进行连接操作的求值。how 参数表示指定要执行的连接类型。有效的值包括 inner（默认值）、outer、lefr_outer、right_outer 和 leftsemi 等（代码 7 - 44）。

代码 7 - 44

```
trips = spark. table( "trips" )
stations = spark. table( "stations" )
joined = trips. join( stations, trips. starttermina) = = stations_station_id
joined. printSchema( )
```

（2）groupBy（代码 7 - 45）。

代码 7 - 45

```
df. groupBy( cols)
```

groupBy 通过 cols 参数指定的列去进行分组，使用操作的结果是创建了新的 Data Frame（代码 7 - 46）。

代码 7 - 46

```
trips = spark. table( "trips" )
averaged = trips. groupBy( [ trips. startterminal ] ). avg('duration'). show(2)
```

7.5　性能优化

对于某些大型分析工作，可以通过在内存中缓存数据或打开某些实验选项来提高性能。

（1）在内存中缓存数据。

Spark SQL 可以通过调用 spark. catalog. cacheTable(tableName) 或 dataFrame. cache( ) 使用内存中的列格式缓存表。设置后的 Spark SQL 仅扫描必需的列，并自动调整压缩以最小化内存使用和减少 GC 压力。设置后，也可以调用 spark. catalog. uncacheTable(tableName) 从内存中删除表。

可以使用 SparkSession 上的 setConf 方法或使用 SQL 运行 set key = value 命令来完成内存中缓存的配置（表 7 - 2）。

表7-2 缓存配置

属性值	默认值	含义
spark. sql. inMemoryColumnarStorage. compressed	true	设置为 True 时，Spark SQL 将根据数据统计信息自动为每一列选择一个压缩编解码器
spark. sql. inMemoryColumnarStorage. batchSize	10000	控制用于列式缓存的批处理的大小，较大的批处理大小可以提高内存利用率和压缩率，但是在缓存数据时会出现内存溢出

（2）其他选项。

以下选项可以用于调整查询执行的性能。注意，随着 Spark SQL 越来越多地自动执行更多优化，这些选项可能会在将来的版本中弃用（表7-3）。

表7-3 其他选项

属性值	默认值	含义
spark. sql. files. maxPartitionBytes	134217728（128 MB）	读取文件时打包到单个分区中的最大字节数
spark. sql. files. openCostInBytes	4194304（4 MB）	可以同时扫描打开文件的估计成本（以字节数衡量），将多个文件放入分区时使用具有较小文件的分区将比具有较大文件的分区（首先安排）更快
spark. sql. broadcastTimeout	300 s	在 broadcast join 中等待的超时时间（秒）
spark. sql. autoBroadcastJoinThreshold	10485760（10 MB）	配置表的最大值（以字节为单位），该表在执行连接时将广播到所有工作程序节点。通过将此值设置为 -1，可以禁用广播 注意，当前仅对运行了 ANALYZE TABLE < tableName > COMPUTE STATISTICS noscan 命令的 Hive Metastore 表支持统计信息
spark. sql. shuffle. partitions	200	配置在对连接或聚合进行数据混排时要使用的分区数

课后习题

1. 请简述 Spark SQL 的特点。
2. 请简述 Spark SQL 客户端查询的几种方式。
3. 请简述 Spark SQL 查询方式。

第8章

Spark Streaming

8.1 Spark Streaming 概述

Spark Streaming 是 Spark 核心 API 的扩展，它支持实时数据流的处理，并具有可伸缩性、高吞吐量和容错能力。可以从许多来源（例如 Kafka、Flume、Kinesis 或 TCP 套接字）检索数据，并且可以使用由高级函数（例如 map、reduce、join 和 window）表示的复杂算法来处理数据。最后，可以将处理后的数据推送到数据库、文件系统等。实际上，Spark 的机器学习和图形处理算法可以应用于数据流。

总的来说可以从三点进行考虑：输入—计算—输出，如图 8 - 1 所示。

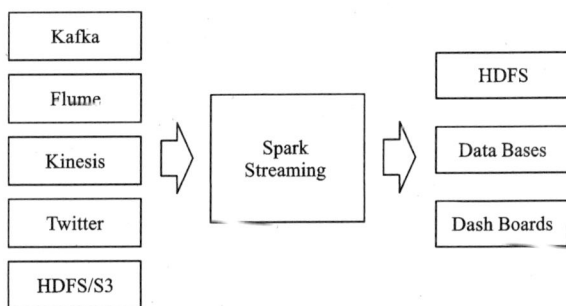

图 8 - 1   Spark Steaming 输入输出图

上游数据可以是 Kafka、Flume、HDFS 或者是 TCP Sockets。处理后的下游数据可以落入数据库、HDFS 中，也可以写回到消息传递中间件中，并根据需要进行处理。

在内部，它的工作原理如图 8 - 2 所示。Spark Streaming 接受实时输入数据流并将数据分批处理，然后由 Spark 引擎进行处理，从而分批生成最终结果流。

从图 8 - 2 中还可以看出，它将输入数据分为多个批次进行处理。严格来说，Spark Streaming 不是真正的实时框架，因为它是成批处理的。

Spark Streaming 提供了一个高层抽象，称为 Discretized Stream 或 DStream，它表示连续的数据流。DStream 可以根据来自 Flume、Kafka 以及 Kinesis 等来源的输入数据流创建，也

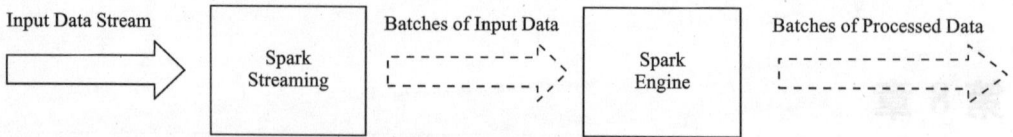

图 8 - 2　Spark Streaming 内部工作原理图

可以通过在其他 DStream 上应用高级操作来创建。在内部，DStream 表示为一系列 RDDs。

创建 DStream 的两种方式。

(1)由 Kafka、Flume 取得的数据作为输入数据流。

(2)在其他 DStream 进行的高层操作。

在内部，DStream 被表达为 RDDs 的一个序列。

本章将指引如何利用 DStreams 编写 Spark Streaming 的程序。例如，使用诸如 Scala、Java 或者 Python 来编写 Spark Streaming 的程序(主要是 Python)，文中的标签可以在不同编程语言间切换。

注意：少量的 API 在 Python 中要么是不可用的，要么是和其他有差异的。

Spark Streaming 的优势如下。

(1)可以在至少 100 个节点上运行并达到秒级延迟(将最小批处理时间设置为 500 ms，如果设置地再小就很容易累积大量任务)。

(2)执行引擎使用基于内存的 Spark，具有高效和容错的特性。

(3)能集成 Spark 的批处理和交互查询。

(4)为实现复杂的算法提供类似批处理的简单接口。

8.2　Spark Streaming 基础概念

在深入探讨 Spark Streaming 编程的细节之前，通过看一个简单的示例以了解它。假设在 TCP 端口上侦听来自数据服务器的数据，然后对接收到的文本数据中的单词进行计数，则全部工作如下。

(1)在 Spark Streaming 上导入相关 class 的软件包以及支持对 Streaming Context 进行隐式转换的软件包(这些转换可以向 class 添加一些有用的方法)。Streaming Context 是 Spark Streaming 的入口。将会创建具有两个执行线程的本地 Streaming Context 对象，并将批处理间隔设置为 1 s。

(2)使用此上下文对象(Streaming Context)，可以创建一个 DStream 表示流入前一个 TCP 数据源的数据流，该数据流是通过主机名(如 hostnam)和端口(如 9999)来描述的。

这里的 lines 就是从数据 server 接收到的数据流。其中每一条记录都是一行文本。接着，可以按空格将文本行分成单词。

(3)Flat Map 是一对多的映射运算符，它将源 DStream 中的每个记录映射到多个记录，以产生一个新的 DStream 对象。在这种情况下，Flat Map 将 lines 的每一行映射到多个单词，从而生成一个新单词 DStream 对象并计数。

（4）单词 DStream 对象通过 Map 运算符（一对一映射）转换为包含（单词，1 个）键值对的 DStream 对象，然后将 Reduce 运算符用于该对象以获取各单词的出现频率，最后是 wordCounts. print( )会每秒（以之前设置的批处理间隔）将一些 Word Counts 打印到控制台。

8.2.1　链接依赖项

与 Spark 类似，Spark Streaming 也能在 Maven 库中找到。如果需要编写 Spark Streaming，则需要将以下依赖项添加到 Maven 项目或 SBT 依赖项中。

```
< dependency >
    < groupId > org. apache. spark </groupId >
    < artifactId > spark – streaming_2. 10 </artifactId >
    < version > 1. 6. 1 </version >
</dependency >
```

同时，对于从 Flume、Kafka 和 Kinesis 等数据源提取数据的流式应用而言，还需要其他依赖项。表 8 – 1 列出了各种数据源的其他依赖关系。

表 8 – 1　各数据源对应的额外依赖项

数据源	Maven 依赖项
Kafka	spark – streaming – kafka_2. 10
Flume	spark – streaming – flume_2. 10
Kinesis	spark – streaming – kinesis – asl_2. 10 ［Amazon Software License］
Twitter	spark – streaming – twitter_2. 10
ZeroMQ	spark – streaming – zeromq_2. 10
MQTT	spark – streaming – mqtt_2. 10

8.2.2　初始化 Streaming Context

要初始化任何的 Spark Streaming 程序，都必须在输入代码中创建一个 Streaming Context 对象。而 Streaming Context 对象需要一个 Spark Conf 对象作为其构造参数。

Context 对象创建后，还须执行如下步骤：

（1）创建 DStream 对象，定义好输入数据源；

（2）基于数据源 DStream 定义好计算逻辑和输出；

（3）调用 streamingContext. start( ) 启动接收并处理数据；

（4）调用 streamingContext. awaitTermination( )，直到流式处理结束（不论手动结束，或者异常错误）；

（5）可以主动调用 streamingContext. stop( ) 来手动停止处理流程。

需要关注的重点如下：

（1）一旦启动 Streaming Context，就无法添加或修改其计算逻辑。

（2）一旦 Streaming Context 被 stop 掉，就不能 restart。

（3）单个 JVM 虚拟机同一时间只能包含一个 active 状态的 Streaming Context。

（4）StreamingContext. stop( ) 会把关联的 Spark Context 对象 stop 掉，如果不想把 Spark Context 对象也 stop 掉，可以将 StreamingContext. stop 的可选参数 stop Spark Context 设为 False。

（5）一个 Spark Context 对象可以和多个 Streaming Context 对象关联，只要先对前一个 StreamingContext 对象调用 stop，然后再创建新的 Streaming Context 对象即可。

8.2.3 离散数据流（DStreams）

离散数据流（DStream）是 Spark Streaming 最基本的抽象。它是一种连续的数据流，可以从某种数据源中提取，也可以从其他数据流的映射中转换而来。DStream 内部是一系列连续的 RDD，每个 RDD 都是不可变的分布式数据集。每个 RDD 在特定时间间隔包含一批数据，如图 8 - 3 所示。

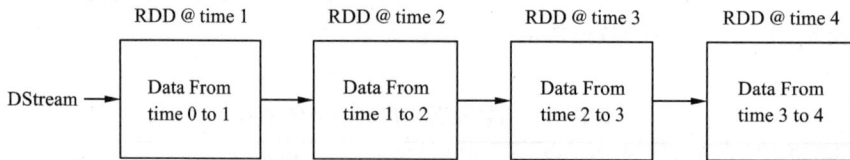

图 8 - 3　RDD 内部数据显示

实际上，作用于 DStream 的任何运算符都会转换为对其内部 RDD 的操作。例如，在前面的示例中，如果将 lines 的 DStream 转换为单词 DStream 对象，则作用于 lines 的 Flat Map 算子将应用于 lines 中的每个 RDD，以生成新的对应 RDD，这些新生成的 RDD 对象则构成单词 DStream 对象，如图 8 - 4 所示。

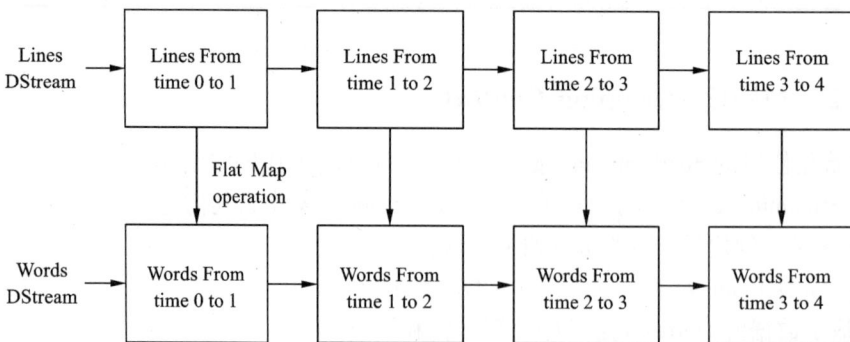

图 8 - 4　RDD 内部操作

底层的 RDD 转换仍由 Spark 引擎来计算。DStream 的算子隐藏了这些细节，并为开发人员提供了方便的高级 API。后续会详细讨论这些高级算子。

8.2.4 输入 DStream 和接收器

输入 DStream 表示从某个流数据源流入的数据流。每个输入 DStream（除文件数据流外）都和一个接收器（Receiver - Scala doc，Java doc）相关联，接收器的任务则是把数据专门从数据源放到内存中。

Spark Streaming 主要提供两种内建的流式数据源。

（1）基础数据源（basic sources）：在 Streaming Context API 中可直接使用的源，如文件系统、套接字连接或者 Akka Actor。

（2）高级数据源（advanced sources）：需要依赖额外工具类的源，如 Flume、Twitter、Kafka、Kinesis 等数据源，这些高级数据源都需要添加额外的依赖。

本节将继续深入讨论其中的某些数据源。

注意，如果需要从多个源中同时提取数据，则需要创建多个 DStream 对象，而多个 DStream 对象可同时创建多个数据流接收器。但 Spark 的 worker/executor 是长时间运行的，因此它们各自占用一个分配给 Spark Streaming 应用程序的 CPU。在运行 Spark Streaming 应用程序时，需要小心分配足够的 CPU 内核（在本地运行时，需要足够的线程）来处理接收到的数据，并分配足够的 CPU 内核来运行这些接收器。

如果本地运行 Spark Streaming 应用，则不能将 master 设为"Local"或"Local[1]"，它们只会在本地启动一个线程。如果此时使用一个包含接收器（如 Kafka、套接字、Flume）的输入 DStream，则此线程只能用于运行接收器，并且用于处理数据的逻辑没有线程可以执行。因此，在本地运行时，请确保将主机设置为"Local[n]"，其中 n > 接收器的个数。

当 Spark Streaming 应用程序在集群中运行时，分配给该应用程序的 CPU 内核数必须大于接收器总数。否则，应用程序就只能接收数据，无法处理数据。

DStream 的转化操作分为无状态和有状态两种。

（1）无状态转化操作：每个 Batch 的处理不依赖于之前 Batch 的数据，例如 map、filter、reduceBykey 等操作都是无状态转化操作。

（2）有状态转化操：需要使用之前 Batch 的数据或者中间结果来计算当前 Batch 的数据，如追踪状态变化的转化操作和基于滑动窗口的转化操作。

8.3 无状态转换操作

无状态转化操作是把 RDD 转化操作应用到每个 Batch 上。注意：针对键值对的 DStream 转化操作[如 reduceByKey()]要添加 import StreamingContext._才能在 Scala 中使用。

DStream 无状态转换操作包括以下几种。

（1）map(func)：调用 func 函数对源 DStream 的每个元素进行转换，得到新的 DStream；

（2）flatMap(func)：与 map 不同的是每个输入项可能映射为 0 个或者多个输出项；

（3）filter（func）：返回一个满足函数 func 项的新的 DStream；

（4）repartition（Num Partitions）：通过创建分区数目来改变 DStream 的并行程度；

（5）union（otherStream）：返回一个新的 DStream，包含源 DStream 和其他 DStream 的元素；

（6）count（）：统计源 DStream 中每个 RDD 的元素数量；

（7）reduce（func）：用函数 func 聚合源 DStream 中的每个 RDD 元素，并返回包含单个元素 RDD 的新的 DStream；

（8）countByValue（）：返回一个（*K*，*V*）键值对类型的新的 DStream（元素类型为 *K* 的 DStream），每个键值是原 DStream 的每个 RDD 中的出现次数；

（9）reduceByKey（func，［numTasks］）：当在（*K*，*V*）键值对组成的 DStream 上执行该操作时，返回一个新的由（*K*，*V*）键值对组成的 DStream，每一个键的值由给定的 recuce 函数汇集；

（10）join（otherStream，［numTasks］）：当应用于两个包含不同键值对的 DStream 时，返回一个包含（*K*，（*V*，*W*））键值对的新的 DStream；

（11）cogroup（otherStream，［numTasks］）：当应用于两个 DStream 时［一个包含（*K*，*V*）键值对，一个包含（*K*，*W*）键值对］，返回一个包含（*K*，Seq［*V*］，Seq［*W*］）的元组；

（12）transform（func）：用 RDD – to – RDD 函数创建一个新的 DStream，支持在新的 DStream 中做任何 RDD 操作。

8.4 有状态转换操作

DSteam 的有状态转换操作是指跟踪数据的操作（跨时间间隔），其中以前批次中的数据也可用来计算新批次。有状态转换操作需要在 Streaming Context 中打开，用以检查点机制来确保容错能力。

有状态转化操作的主要类型如下。

1.基于窗口的转化操作

基于窗口的转化操作通过在比 Streaming Context 批处理更长的时间间隔内集成多个批处理的结果来计算整个窗口的结果。所有基于窗口的参数都需要两个参数：窗口长度和滑动步长；这两个参数必须为正值乘以 Stream Context 的批处理间隔。如图 8 – 5 所示。

每次窗口长度控制计算最近一批数据的批次即最新 Window Duration/Batch Interval 批次，如果源 DStream 的批次间隔为 10 s，则要创建最近 30 s（即最后三个批次）的时间窗口，因此将 Window Duratioin 设置为 30 s。

默认的滑块步长与批处理间隔相同，以控制计算新的 DStream 间隔。如果源 DStream 批次间隔为 10 s，若想每两个批次计算一次窗口结果，则应将滑动片步长设置为 20 s。

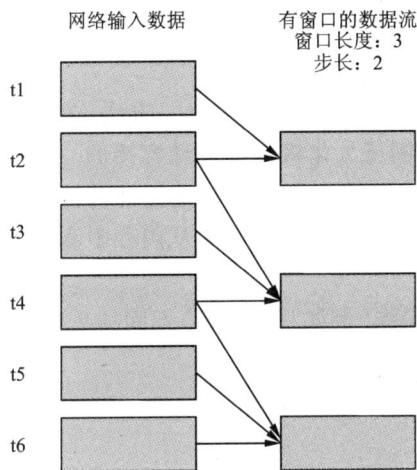

图8-5　基于窗口的转换操作

2.跟踪状态的转化操作

有时需要维护 DStream 中各个批次的状态(例如,跟踪用户访问的网站),因此,updateStateByKey()以键值对的形式提供对 DStream 的状态变量的访问。updateStateByKey()提供了 update(event,oldState)函数,该函数获取与某个键关联的事件以及与该键关联的先前状态,并返回与该键关联的新状态。

event:当前批次接收的事件列表(有可能为空);

oldState:是一个可选的状态对象,存放在 Option 内;这个值可以是空缺的(如果一个键没有之前的状态);

newState:由函数返回,也以 Option 的形式存在(空的 Option 则表示要删除该状态);

updateStateByKey:返回新的 DStream,每个时间区间对应的键值组成了其内部的 RDD 序列。

8.5　输出操作

输出操作指定如何处理对流数据转换操作产生的数据(如将结果推送到外部数据库或屏幕上)。

Spark 的最重要功能之一是在两次操作之间将数据集(或缓存)在内存中的能力持久化。当缓存(持久化)RDD 时,每个节点都会在内存中缓存其计算结果,并在数据集(或派生数据集)上的其他操作中重用它们。这样可以使后续操作更快(通常快10倍)。缓存是使用 Spark 构建迭代算法的关键。在第一次计算完成后,RDD 的缓存能够将结果保存到内存、

Tachyon（分布式内存文件系统）或本地文件系统中。通过缓存，Spark 避免了对 RDD 重复计数，加快了计算速度。

1. 如何持久化

要持久化 RDD，只需调用 cache() 或 persist() 方法。首次计算 RDD 时，将其直接缓存在每个节点中。此外，Spark 的持久化机制是自动容错的。如果持久化 RDD 的任何分区丢失，Spark 将通过其源 RDD 使用转换操作自动重新计算该分区。实际上，cache() 是使用 persist(MEMORY_ONLY) 的快捷方式。如果需要从内存中清除缓存，则可以使用 unpersist() 方法。

Spark 本身会在 Shuffle 操作（例如写入磁盘）期间持久化数据，主要是为了避免在节点发生故障时必须重新计算整个过程。

2. RDD 持久化策略

（1）cache、persist、checkpoint 三种策略（持久化的单位是 partition）。

cache（persist 的一个简化版）会将 RDD 中的数据持久化到内存中；

cache = persists(StorageLevel. MEMORY_ONLY) 不进行序列化。

特点：

cache 的返回值必须分配给新的 RDD 变量，该变量可以在其他作业中使用。cache 为延迟执行（其他两个也是延迟执行），必须由 action 类的算子触发。一般 cache 算子后面不能直接添加 action 类的算子。

（2）persist 手动指定持久化级别。

（3）checkpoint。

若 checkpoint 重新启用一个作业持久化到 HDFS 上（安全性），则其依赖关系被切断。

如果 RDD 转换很多，可以使用 checkpoint。在使用 checkpoint 之前可以先用 cache，数据就会从内存写入 HDFS（这样可以加快速度）。

3. persist 持久化级别

（1）默认情况下，当内存足够大时，性能最高的是 MEMORY_ONLY。

当有足够的内存来容纳整个 RDD 的所有数据时，由于不进行序列化和反序列化，所以避免了这部分性能开销。此 RDD 上的后续算子操作基于纯内存中的数据，无须从磁盘文件中读取数据，无须复制数据并将其远程发送到其他节点，故具有很高的性能。注意，在实际的生产环境中，有限的情况下可以直接使用此种策略。如果 RDD 中有大量数据（数十亿），则直接使用此持久性级别将导致 JVM 的 OOM 内存溢出异常。

（2）当使用 MEMORY_ONLY 级别发生了内存溢出时，建议使用 MEMORY_ONLY_SER 级别（序列化后，可降低了内存占用）。

此级别序列化 RDD 数据并将其存储在内存中，其中每个分区只是一个字节数组，从而大大减少了对象数量和内存占用量。MEMORY_ONLY 上的这种性能开销主要是序列化和反序列化开销。但是，后续算子可以在纯内存的基础上进行运算，因此总体性能较高。此外，可能发生的问题与上述相同，如果 RDD 中的数据量太大，仍然可能导致 OOM 内存溢出异常。

（3）若纯内存级别都无法进行，建议使用 MEMORY_AND_DISK_SER 策略而不是 MEMORY_AND_DISK 策略。出现这种情况，则证明 RDD 中的数据量太大，无法完全放置内存。较少的序列化数据可节省内存和磁盘空间开销，同时，该策略会优先将数据缓存在内存中，而超出内存的部分被写入磁盘。

（4）通常不建议使用 DISK_ONLY 和后缀为_2 的级别。

基于磁盘文件读写数据会导致性能急剧下降，因此有时最好一次重新计算所有 RDD。后缀_2 的级别必须将所有数据复制并发送到其他节点，导致数据复制和网络传输高性能开销。因此不建议这样做，除非其要求作业具有高可用性。

8.6　数据源

8.6.1　基础数据源

如前所示，可以使用 ssc. socketTextStream( )从 TCP 连接接收文本数据。除了 TCP 套接字外，Streaming Context API 还支持从 Akka Actor 或文件中提取数据。

文件数据流（file streams）：可以从任何兼容 HDFS API（包括：HDFS、S3、NFS 等）的文件系统，创建方式如下。

streamingContext. fileStream[Key Class, Value Class, Input Format Class]（Data Directory）注意：各个文件数据格式必须一致。

Data Directory 中的文件必须通过 moving 或者 renaming 来创建。一旦文件 move 进 Data Directory，就不能再改动。对于简单的文本文件，更简单的方式是调用 streaming Context. textFileStream（Data Directory）。另外，文件数据流（不基于接收器）不需要为其单独分配一个 CPU core。

Python API fileStream 暂时不可用，目前 Python 只支持 textFileStream。

基于自定义 Actor 的数据流（streams based on custom actors）：DStream 可以出 Akka Actor 创建得到，只需调用 StreamingContext. actorStream（actorProps, actor_name）。Actor Stream 暂时不支持 Python API。

RDD 队列数据流（queue of RDDs as a stream）：测试 Spark Streaming 应用时，可创建一个基于一批 RDD 的 DStream 对象，只需调用：streamingContext. queueStream（queue of RDDs）。

RDD 会被依次推入队列，DStream 则依次以数据流形式处理这些数据。

8.6.2　高级数据源

Python API 自 Spark 1.6.1 起，可以支持 Kafka、Kinesis、Flume 和 MQTT 这些数据源。

使用这种类型的数据源需要一些附加的代码库依赖关系，其中一些依赖关系可能非常复杂（如 Kafka、Flume）。因此，为了减少依赖版本冲突，每个数据源 DStream 的相关功能被分为不同的代码包，只有在使用时才与链接一起打包。例如，如果需要使用来自 Twitter

的 Tweets 为数据源，则需要执行以下步骤。

（1）Linking：将 spark – streaming – twitter_2.10 工件加入 SBT/Maven 项目依赖中。

（2）Programming：导入 TwitterUtils class，然后调用 TwitterUtils. createStream 创建一个 DStream。

（3）Deploying：生成一个包含其所有依赖项（包括 spark – streaming – twitter_2.10 及其自身的依赖树）。

注意，不能用 Spark Shell 来测试基于高级数据源的应用（因为高级数据源在 Spark Shell 中不可用）。如果确实需要，可以下载相应数据源的 Maven 工件及其依赖项，并将 JAR 文件部署到 Spark Shell 的 classpath 中。

下面列举了一些高级数据源。

Kafka：Spark Streaming 1.6.1，可兼容 Kafka 0.8.2.1

Flume：Spark Streaming 1.6.1，可兼容 Flume 1.6.0

Kinesis：Spark Streaming 1.6.1，可兼容 Kinesis Client Library 1.2.1。

Twitter：Spark Streaming TwitterUtils，使用 Twitter4j 通过 Twitter's Streaming API 拉取公开 tweets 数据流。

8.6.3　自定义数据源

Spark Streaming 可以从其内置支持范围之外的任何任意数据源（即 Flume、Kafka、Kinesis、文件、套接字等）接收流数据。这就要求开发人员实现一个定制的接收器，用于从相关数据源接收数据。注意，可以在 Scala 或 Java 中实现自定义接收器，但 Python API 自定义数据源目前还不支持。

8.7　Spark Streaming 编程模式与案例分析

8.7.1　Spark Streaming 编程模式

作为 Spark Streaming 的基础抽象，DStream 表示持久数据流。这些数据流可以从外部输入源或现有的 DStream Transformation 操作获取。在内部，DStream 由时间序列上的一组连续 RDD 表示，每个 RDD 都以特定间隔包含其各自的数据流。对 DStream 中数据的各种操作也都映射到内部 RDD，并且可以通过 RDD 转换生成新的 DStream。

Spark Streaming 作为构建于 Spark 之上的应用框架，承袭了 Spark 的编程风格。本节以 Spark Streaming 官方提供的 WordCount 代码为例（代码 8 – 1）来介绍 Spark Streaming 的使用方式。

代码 8 - 1

```
import os
import sys
os.environ['SPARK_HOME'] = "/opt/spark - 2.2.0 - bin - hadoop2.7"
sys.path.append("/opt/spark - 2.2.0 - bin - hadoop2.7/Python")

try:
    from pyspark import Spark Context
    from pyspark import SparkConf
    from pyspark.streaming import StreamingContext

    print("成功导入 Spark 模块")

except ImportError as e:
    print("导入 Spark 模块失败,程序退出", e)
    sys.exit(1)

def updateFunction(newValues, runningCount):
    if runningCount is None:
        runningCount = 0
    return sum(newValues, runningCount)

conf = SparkConf().setAppName('spark - streaming').setMaster('local[2]')  #连接 Spark
sc = SparkContext(conf = conf)     #生成 Spark Context 对象
ssc = StreamingContext(sc, 10)
lines = ssc.socketTextStream("localhost", 9988)
rdd = lines.flatMap(lambda x: x.split(" ")).map(lambda
              x: (x, 1)).reduceByKey(lambda x, y: x + y)
#累加
runningCounts = lines.flatMap(lambda: x.split("")).map(lambda: x: (x, 1))
.updateStateByKey(updateFunction)
ssc.checkpoint('/spark/ssc')
ssc.start()        #开始计算
ssc.awaitTermination()
```

(1)创建 Streaming Context 对象。

Spark Streaming 初始化时创建 Streaming Context 对象,通过函数的参数指明 Master Server、Spark Streaming 处理数据的时间间隔、设定应用名称等。上述代码可设定处理数据的时间间隔为 1 s、应用的名称为 Network Word Count 等。

（2）创建 Input DStream。

Spark Streaming 需要指明数据源。该实例指明使用 socketTextStream，以 socket 连接作为数据源读取数据。Spark Streaming 支持多种不同的数据源，包括 Kafka、Flume、HDFS/S3、Kinesis、Twitter。

（3）操作 DStream。

用户可以通过多种方式来操作来自数据源的 DStream。代码 8 - 1 示例显示了典型的 Word Count 执行流程。对于从当前时间窗口中的数据源获得的数据，首先将其划分，然后使用 map 和 reduceByKey 方法进行计算，最后可以用 print 打印结果。

（4）启动 Spark Streaming。

前面的所有步骤仅创建了执行流程，程序未真正连接到数据源，并未对数据执行任何操作，只有当 ssc. start( )启动时，程序才完成所有预期的操作。

8.7.2　文本文件数据处理案例

下面是一些学生的成绩单分析示例。四列字段：学生姓名以及三科成绩。其中学生有重复的（比如额外加分的情况，需要合并分析）。

yang	85	90	30
wang	20	60	50
zhang	90	90	90
li	100	54	0
yanf	0	0	0
yang	12	0	0

当然实际中数据要很多，比如很多列，而且几十万行甚至几百万行。这里是一个样例数据，相当于在部署前测试。

在 Spark 根目录/example/src/main/Python/下新建一个 students. py，如代码 8 -2 所示。

代码 8 -2

```
import sys
from operator import add
from pyspark import Spark Context

import sys
reload( sys)
sys. setdefaultencoding( "utf – 8" )
def map_func( x) :
    s = x. split( )
    return ( s[0], [ int( s[1]), int( s[2]), int( s[3])])
def f( x) :
    return x
    rank = sc. parallelize( range( 0, sorted. count( ) ) )
```

续代码 8 - 2

```
def add(a, b):
    return [a[r] + b[r] for r in range(len(a))]

def_merge(a, b):
    print('****')
    return [a[r] + b[r] for r in range(len(a))]

# 判断学生中是否有分数是 100 分的情况
def has100(x):
    for y in x:
        if(y == 100):
            return True
    return False
#判断学生是否所有分数都是 0 分

def allIs0(x):
    if(type(x) == list and sum(x) == 0):
        return True
    return False
def subMax(x, y):
    m = [x[1][i] if(x[1][i] > y[1][i]) else y[1][i] for i in range(3)]
    return('', m)

def sumAll(x, y):
    return ('', [x[1][i] + y[1][i] for i in range(3)])


if - name - = = " - main - ":
    if len(sys.argv) != 2:
        print(sys.stderr, "Usage: students <file>")
        exit(-1)
    sc = SparkContext(appName = "Students")


    #加载学生文件, 调用 map 将学生映射成 KeyValues. 其中, Key 是学生, Value 是学生成绩
    # map 后的结果如('yang', (85, 90, 30))
    #之后调用 combineByKey, 将相同学生的成绩相加(合并)
    #然后调用 cache, 将整个数据缓存, 以便多次进行 reduce 而无须每次都重新生成
    lines = sc.textFile(sys.argv[1], 1).map(map_func).combineByKey(f, add, _merge).cache()
    count = lines.count()
    #获取学生中三科成绩有满分的, 调用 filter 来实现
    whohas100 = lines.filter(lambda x: filter(has100, x)).collect()
```

续代码 8 - 2

```
#获取三科中所有成绩都是 0 的同学(缺考)
whoIs0 = lines. filter( lambda x: filter( allIs0, x)). collect()

#获取每个学生的成绩总和
sumScore = lines. map( lambda x: ( x[0], sum( x[1]))). collect()
#获取三科中,单科最高分
subM = lines. reduce( subMax)
#获取学生单科成绩的总和,求单科平均分用
sumA = lines. reduce( sumAll)
#总分最高的学生
maxScore = max( sumScore, key = lambda x: x[1])
#总分最低的学生
minScore = min( sumScore, key = lambda x: x[1])
#所有学生三科成绩平均分
avgA = [ x/count for x in sumA[1]]
#根据总分进行排序(默认由小而大)
sorted = lines. sortBy( lambda x: sum( x[1]))
#排序并附带序号
sortedWithRank = sorted. zipWithIndex(). collect()
#取出成绩最高的前三名同学,发奖
first3 = sorted. takeOrdered( 3, key = lambda x: - sum( x[1]))

#将结果汇总输出到文件
file = open( '/home/yanggaofei/downloads/result. txt', 'w')
file. write( 'students num: ' + 'count' + '\n')
file. write( 'who has a 100 scores: ' + str( whohas100) + '\n')
file. write( 'who all is 0: ' + str( whoIs0) + '\n')
file. write( 'the max score of each subject: ' + str( subM) + '\n')
file. write( 'the avg score of each subject: ' + str( avgA) + '\n')
file. write( 'sorted the students: ' + str( sorted. collect()) + '\n')
file. write( 'sorted the students with the rank: ' + str( sortedWithRank) + '\n')
file. write( 'the first 3 who will get the award: ' + str( first3) + '\n')
file. close()
```

运行结果 result. txt 如代码 8 - 3 所示。

代码 8 – 3

```
students num：5
who has a 100 scores：[(u'li', [100, 54, 0])]
who all is 0：[(u'yanf', [0, 0, 0])]
the max score of each subject：('', [100, 90, 90])
the avg score of each subject：[61, 58, 34]
sorted the students：[(u'yanf', [0, 0, 0]), (u'wang', [20, 60, 50]),
                      (u'li', [100, 54, 0]), (u'yang', [97, 90, 30]),
                      (u'zhang', [90, 90, 90])]
sorted the students with the rank：[
                ((u'yanf', [0, 0, 0]), 0), ((u'wang', [20, 60, 50]), 1),
                ((u'li', [100, 54, 0]), 2), ((u'yang', [97, 90, 30]), 3),
                ((u'zhang', [90, 90, 90]), 4)]
the first 3 who will get the award：[
                (u'zhang', [90, 90, 90]),
                (u'yang', [97, 90, 30]),
                (u'li', [100, 54, 0])]
```

8.7.3　stateful 应用案例

代码 8 – 4 演示了使用带状态 LSTM 模型以及它的无状态对应项的执行方法。

代码 8 – 4

```python
from – future – import print – function
import numpy as np
import matplotlib. pyplot as plt
import pandas as pd
from keras. models import Sequential
from keras. layers import Dense, LSTM

#输出长度
input_len = 1000

#移动平均的窗口长度
# e. g. if tsteps = 2 and input = [1, 2, 3, 4, 5],
#then output = [1.5, 2.5, 3.5, 4.5]
tsteps = 2

#输入序列长度，基于它为每个输出点训练 LSTM
lahead = 1
```

续代码 8 – 4

```
#传递到"model. fit(...)"(函数中的)训练参数
batch_size = 1
epochs = 10

print(" * " * 33)
if lahead > = tsteps:
    print("STATELESS LSTM WILL ALSO CONVERGE")
else:
    print("STATELESS LSTM WILL NOT CONVERGE")
print(" * " * 33)

np. random. seed(1986)

print('Generating Data...')

def gen_uniform_amp(amp = 1, xn = 10000):
    """
    在 amp and + amp 和长度 xn 之间产生均匀的随机数据
    参数
            amp: maximum/minimum range of uniform data
            amp: 在最小值和最大值范围之间的均匀随机数据
            xn: length of series
            xn: 系列长度
    """
    data_input = np. random. uniform( -1 * amp, +1 * amp, xn)
    data_input = pd. DataFrame(data_input)
    return data_input
# 由于输出是输入的移动平均值, 输出的前几个点将是特殊数值, 并且在训练 LSTM 之前从生成的数据中丢失
# NaN, 是 Not a Number 的缩写, 在 IEEE 浮点数算术标准(IEEE 754)中定义, 表示一些特殊数值[无穷与非数值(NaN)], 为许多 CPU 与浮点运算器所采用
# 此外, 当 lahead > 1 时, "滚动窗口视图"的预处理步骤也会导致一些点丢失
# 出于美观的原因, 为了在预处理之后保持生成的数据长度 = input_len
to_drop = max(tsteps - 1, lahead - 1)
data_input = gen_uniform_amp(amp = 0.1, xn = input_len + to_drop)

#将目标设为输入的 n 点的平均值
expected_output = data_input. rolling( window = tsteps, center = False). mean()
# 当 lahead > 1 时, 需要将输入转换为"滚动窗口视图"
```

续代码 8 - 4

```python
# 可以参考 https://docs.scipy.org/doc/numpy/reference/generated/numpy.repeat.html
if lahead > 1:
    data_input = np.repeat(data_input.values, repeats=lahead, axis=1)
    data_input = pd.DataFrame(data_input)
    for i, c in enumerate(data_input.columns):
        data_input[c] = data_input[c].shift(i)

# 丢弃特殊数值
expected_output = expected_output[to_drop:]
data_input = data_input[to_drop:]

print('Input shape: ', data_input.shape)
print('Output shape: ', expected_output.shape)
print('Input head: ')
print(data_input.head())
print('Output head: ')
print(expected_output.head())
print('Input tail: ')
print(data_input.tail())
print('Output tail: ')
print(expected_output.tail())

print('Plotting input and expected output')
plt.plot(data_input[0][:10], '.')
plt.plot(expected_output[0][:10], '-')
plt.legend(['Input', 'Expected output'])
plt.title('Input')
plt.show()


def create_model(stateful):
    model = Sequential()
    model.add(LSTM(20,
                   input_shape=(lahead, 1),
                   batch_size=batch_size,
                   stateful=stateful))
    model.add(Dense(1))
    model.compile(loss='mse', optimizer='adam')
    return model
```

续代码 8 – 4

```
print('Creating Stateful Model...')
model_stateful = create_model(stateful = True)


# 分割训练/测试集
def split_data(x, y, ratio = 0.8):
    to_train = int(input_len * ratio)
    # 调整与 batch_size 匹配
    to_train - = to_train % batch_size

    x_train = x[: to_train]
    y_train = y[: to_train]
    x_test = x[to_train:]
    y_test = y[to_train:]


    # 调整与 batch_size 匹配
    to_drop = x.shape[0] % batch_size
    if to_drop > 0:
        x_test = x_test[: -1 * to_drop]
        y_test = y_test[: -1 * to_drop]


    # 重组
    reshape_3 = lambda x: x.values.reshape((x.shape[0], x.shape[1], 1))
    x_train = reshape_3(x_train)
    x_test = reshape_3(x_test)
    reshape_2 = lambda x: x.values.reshape((x.shape[0], 1))
    y_train = reshape_2(y_train)
    y_test = reshape_2(y_test)


    return (x_train, y_train), (x_test, y_test)
(x_train, y_train), (x_test, y_test) = split_data(data_input, expected_output)
print('x_train.shape: ', x_train.shape)
print('y_train.shape: ', y_train.shape)
print('x_test.shape: ', x_test.shape)
print('y_test.shape: ', y_test.shape)


print('Training')
for i in range(epochs):
    print('Epoch', i + 1, '/', epochs)
    #请注意，批处理中的样本 i 的最后状态将作为下一批中的样本 i 的初始状态
```

续代码 8 - 4

```
                #因此，我们同时训练 batch_size 系列，比 data_input 中包含的原始序列具有更低的分辨率
                #这些系列中的每一个都偏移一步，并且可以用 data_input[i∷batch_size]来提取
                model_stateful.fit(x_train,
                                    y_train,
                                    batch_size = batch_size,
                                    epochs = 1,
                                    verbose = 1,
                                    validation_data = (x_test, y_test),
                                    shuffle = False)
            model_stateful.reset_states()

print('Predicting')
predicted_stateful = model_stateful.predict(x_test, batch_size = batch_size)

print('Creating Stateless Model...')
model_stateless = create_model(stateful = False)

print('Training')
model_stateless.fit(x_train,
                    y_train,
                    batch_size = batch_size,
                    epochs = epochs,
                    verbose = 1,
                    validation_data = (x_test, y_test),
                    shuffle = False)
print('Predicting')
predicted_stateless = model_stateless.predict(x_test, batch_size = batch_size)

# - - - - - - - - - - - - - - - - - - - - - - - - - - - -

print('Plotting Results')
plt.subplot(3, 1, 1)
plt.plot(y_test)
plt.title('Expected')
plt.subplot(3, 1, 2)
#放弃第一个"TSTEPS - 1"，因为不可能预测它们，因为以前使用的"时间步长"不存在
plt.plot((y_test - predicted_stateful).flatten()[tsteps - 1:])
plt.title('Stateful：Expected - Predicted')
plt.subplot(3, 1, 3)
plt.plot((y_test - predicted_stateless).flatten())
plt.title('Stateless：Expected - Predicted')
plt.show()
```

8.8 spark 性能优化

实际上，Spark 的性能优化由许多组件组成，不仅仅是几个立即提高性能的参数。根据不同的业务场景和数据条件对 Spark 作业进行全面分析后，从多个方面进行调整和优化，以实现最佳性能。Spark 性能优化的第一步即开发 Spark 作业时注意并应用一些基本的性能调优原则。

原则一：避免创建重复的 RDD。

在开发过程中要注意：同一份数据只需要创建一个 RDD，不能创建多个 RDD 来代表同一份数据。如果重复创建，Spark 作业就会重复计算这些代表同一份数据的 RDD，导致作业的性能开销加大。

原则二：尽可能复用同一个 RDD。

对 RDD 的数据具有包含或重叠关系时，应尽可能地减少 RDD 的数量，即复用同一个 RDD，从而尽可能减少算子执行的次数。

原则三：对多次使用的 RDD 进行持久化。

根据 Spark 设定的持久化策略，将 RDD 中的数据写入磁盘或者内存中，以便下次对该 RDD 进行算子操作时，只需要从磁盘或者内存中提取数据，而不需要重新计算。

原则四：尽量避免使用 Shuffle 类算子。

简单来说，Shuffle 就是将分布在集群中多个节点上的同一个 key 拉取到同一个节点上，这样会极大地增加性能开销，所以应尽可能避免使用 join、reduceByKey、repartition、distinct 等算子。仅有较少 Shuffle 操作或者没有 Shuffle 操作的 Spark 作业，可以大大减少性能开销。

原则五：使用 map – side 预聚合的 Shuffle 操作。

因业务需要必须使用 Shuffle 操作时，应尽量使用 map – side 预聚合的 Shuffle 算子。map – side 预聚合之后，每个节点只有一条相同的 key，当需要拉取所有节点上的相同 key 时，就会极大地减少网络传输开销和磁盘 I/O。

原则六：使用高性能的算子。

除了上述 shuffle 算子之外，其他的算子也都有着 shuffle 算子类似的优化原则。例如：使用 reduceByKey/aggregateByKey 替代 groupByKey；使用 mapPartitions 替代普通 Map；使用 foreachPartitions 替代 foreach；使用 filter 之后进行 coalesce 操作等。具体可参考 Spark 官网优化替代算子。

原则七：广播大变量。

广播后的变量，会保证每个 Executor 的内存中，只保留一份变量副本，很多 Task 共享同一份变量副本，极大地减少了变量副本的数量，从而减少内存和网络传输开销，降低 GC 的频率。

原则八：使用 Kryo 优化序列化性能。

Kryo 序列化机制比 Java 序列化机制性能高 10 倍左右。然而 Spark 没有默认用 Kryo 作为序列化类库，是因为 Kryo 要求注册所有需要进行序列化的自定义类型，对于开发人员来说，这种方式比较麻烦。

原则九：优化数据结构。

在 Spark 编码过程中，应尽量使用数组替代集合类型、使用字符串替代对象、使用原始类型（int、long 等）替代字符串。这样做的目的是减少内存占用、降低 GC 频率，从而提升性能。

课后习题

1. 如何定位 Spark Streaming 的数据积压问题？
2. 如何实现 Spark Streaming 的实时处理？
3. 如何实现 Spark Streaming 的多输入 DStream 并行运行？
4. 简单实现 Spark Streaming 流式计算的 Word Count。
5. 通过 Spark Streaming 实时计算 Word Count。

第9章

Spark MLlib

9.1.1 Spark MLlib 概念

机器学习库(machine learning library，MLlib)是基于 Spark 提供的海量数据的可扩展机器学习库，它旨在简化机器学习的工程实践并促进其大规模扩展。Spark MLlib 提供常见的机器学习算法，通过调用接口底层来自动实现分布式。传统机器学习算法由于单机限制，只能对有限的数据量进行计算，通常是对整体数据进行抽样后对部分数据进行相关训练建模，数据量过大容易超出内存限制。在海量数据情况下进行机器学习，需要处理全量数据并进行大量的迭代计算，这要求机器学习平台具有很强的处理能力。

Map Reduce 是基于磁盘架构进行设计，数据会涉及大量反复读写磁盘的开销。Spark MLlib 是基于内存的计算框架，实现管道化的处理，在内存中完成数据交接，大大减少了在磁盘上的读写开销，适合大量迭代计算。企业级的应用一般在做机器学习的时候都是用 Spark。借助 Spark 的分布式特性，机器学习可以提高速度。开发者不需要从头进行代码编写，只需要了解机器算法的原理、相关算法输入参数的含义、调用 API 传入参数，就能自动完成数据处理并返回处理结果，实现基于海量数据的机器学习过程，大大减轻开发者的开发负担、提高机器学习开发的效率。Spark Shell 的即席查询也是一个关键。Spark 提供的各种有效的工具使机器学习过程更加地直观和便捷。比如通过 sample 函数，可以非常方便地抽样。当然，Spark 已发展到后期，具有实时批计算、批处理、算法库、SQL、流计算和其他模块，基本上可以将其视为平台范围的系统。将机器学习作为模块加入 Spark 中也是大势所趋。

9.1.2 spark.mllib 与 spark.ml

(1)自版本 Spark 1.2 起，Spark 机器学习库分为两个软件包。

①spark.mllib：基于 RDD 的原始算法 API，1.0 版本前一直在使用。

②spark.ml：基于 Data Frame 的高层次 API，有效融合了 Spark SQL、关系查询能力以及复杂的机器学习能力。可以用来构建机器学习工作流(pipe line)。ML Pipeline 弥补了原

始 MLlib 库的不足,并为用户提供了基于 Data Frame 的机器学习工作流 API 套件。

从 Spark 2.0 开始,软件包中基于 RDD 的 API spark. mllib 已进入维护模式(即未添加任何新的功能)。现在,Spark 的主要机器学习 API 是软件包中基于 Data Frame 的 API spark. ml。使用 ML Pipeline API,可以很轻松地把数据处理、特征转换、正则化和多种机器学习算法联合起来,以构建单个完整的机器学习流水线。这种方式提供了一种更灵活的方法,更符合机器学习过程的特征,更容易从其他语言进行迁移。

(2)上述转变所包含的信息。

①MLlib 将继续在 spark. mllib 中支持基于 RDD 的接口。

②MLlib 将不会继续向基于 RDD 的接口添加新的特征。

③在 Spark 2.0 以后的版本中,新特征将继续添加到 Data Frame 的界面中,以缩小与基于 RDD 接口之间的差异。

④当两个接口的特征相同时,基于 RDD 的接口将被丢弃。

⑤基于 RDD 的接口将在 Spark 3.0 中被移除。

(3)MLlib 切换到基于 Data Frame 的 API 的重要性。

①Data Frames 能提供比 RDD 更加用户友好的 API。Data Frame 的许多好处包括 Spark 数据源,SQL/Data Frame 查询,Tungsten 和 Catalyst 优化以及跨语言的统一 API。

②基于 Data Frame 的 MLlib API 跨 ML 算法和多种语言,能提供统一的 API。

③Data Frames 有助于实用的 ML 管道,尤其是功能转换。

9.2 Spark MLlib 提供的工具

9.2.1 机器学习算法

传统的机器学习算法包括分类、回归、聚类以及协同过滤等。

9.2.2 特征工程

1. 特征提取

(1)词频 – 逆向文件频率。

词频 – 逆向文件频率(TF – IDF)是文本挖掘中一种广泛使用的特征向量化方法,可以反映语料库中文档中词语的重要性。词语用 t 表示,文档用 d 表示,语料库用 D 表示。词频 $TF(t, d)$ 是词语 t 在文档 d 中出现的次数。文件频率 $DF(t, D)$ 是包含词语的文档的个数。如果仅使用词频来衡量重要性,那么很容易过分强调经常出现在文档中并不包含太多有关文档信息的词语,比如"a""the"以及"of"。如果词语经常出现在语料库中,则表示该词语不携带特定文档的特殊信息。逆向文档频率可测量提供的信息词数量:

$$TF - IDF(t, d, D) = TF(t, d) \cdot IDF(t, D) \qquad (8-1)$$

$$IDF(t, D) = \log \frac{|D| + 1}{DF(t, D) + 1} \qquad (8-2)$$

式中，|*D*|是语料库中的文档总数。

因为采用了对数，如果一个词语出现在所有文件中，则其 *IDF* 值将更改为 0。

$$TF - IDF(t, d, D) = TF(t, d) \cdot IDF(t, D) \qquad (8-3)$$

在代码 9 - 1 中，以一组句子开始。首先，使用分解器 Tokenizer 将句子分成单个词语。对于每个句子（单词袋），我们使用 Hashing TF 将句子转换为特征向量，最后使用 IDF 重新调整特征向量。这种转换通常可以提高使用文本特征的性能。

代码 9 - 1

```python
from pyspark.ml.feature import HashingTF, IDF, Tokenizer
sentenceData = spark.createDataFrame([
    (0, "Hi I heard about Spark"),
    (0, "I wish Java could use case classes"),
    (1, "Logistic regression models are neat")
], ["label", "sentence"])
tokenizer = Tokenizer(inputCol = "sentence", outputCol = "words")
wordsData = tokenizer.transform(sentenceData)
hashingTF = HashingTF(inputCol = "words", outputCol = "rawFeatures", numFeatures = 20)
featurizedData = hashingTF.transform(wordsData)
idf = IDF(inputCol = "rawFeatures", outputCol = "features")
idfModel = idf.fit(featurizedData)
rescaledData = idfModel.transform(featurizedData)
for features_label in rescaledData.select("features", "label").take(3):
    print(features_label)
idfModel = idf.fit(featurizedData)
rescaledData = idfModel.transform(featurizedData)
for features_label in rescaledData.select("features", "label").take(3):
    print(features_label)
```

（2）Word2vec。

Word2vec 是一个估计器（estimator），它使用代表文档的一系列词语来训练 Word2vec 模型。该模型将每个词语映射到固定大小的向量。Word2vec 模型使用文档中每个词语的平均数将文档转换为向量，可用作预测的特征以计算文档相似度计算等。

调用：从一组文档开始，每个文档代表一个词语序列。对于每个文档，将其转换为特征向量，然后可以将其转换为学习算法（代码 9 - 2）。

代码 9 – 2

```
from pyspark. ml. feature import HashingTF, IDF, Tokenizer

sentenceData = spark. createDataFrame( [
    (0, "Hi I heard about Spark") ,
    (0, "I wish Java could use case classes") ,
    (1, "Logistic regression models are neat")
], ["label", "sentence"] )
tokenizer = Tokenizer( inputCol = "sentence", outputCol = "words")
wordsData = tokenizer. transform( sentenceData)
hashingTF = HashingTF( inputCol = "words", outputCol = "rawFeatures", numFeatures = 20)
featurizedData = hashingTF. transform( wordsData)
# CountVectorizer 也可获取词频向量

idf = IDF( inputCol = "rawFeatures", outputCol = "features")
idfModel = idf. fit( featurizedData)
rescaledData = idfModel. transform( featurizedData)
for features_label in rescaledData. select( "features", "label"). take(3) :
    print( features_label)
```

（3）计数向量器（Countvectorizer）。

Countvectorizer 和 Countvectorizermodel 旨在通过计数来将一个文档转换为向量。当不存在先验字典时，Countvectorizer 可作为 Estimator 提取词汇，并生成一个 Countvectorizermodel。此模型产生文档词语的稀疏表示，可以将其转移到其他算法，例如 LDA。

在拟合过程中，Countvectorizer 根据语料库中的词频选择第一个有声的词。可选参数 minDF 也会影响拟合过程，该过程指定词汇表中词语在文档中出现的最小次数。另一个可选的二进制参数控制输出向量，如果将其设置为 True，则所有非零计数均为 1。这对于二进制离散概率模型而言非常有用（代码 9 – 3）。

代码 9 – 3

```
from pyspark. ml. feature import CountVectorizer
# 输入数据: 有 ID 标识的词袋数据
df = spark. createDataFrame( [
    (0, "a b c". split( " ")),
    (1, "a b b c a". split( " "))
], ["id", "words"] )
# 对语料库使用 CourntVectorizerMode1 模型
```

续代码 9-3

```
cv = CountVectorizer(inputCol = "words", outputCol = "features", vocabSize = 3, minDF = 2.0)
model = cv.fit(df)
result = model.transform(df)
result.show()
```

2. 特征变换

(1)分词器(Tokenizer)。

分词器将文本分为单独的个体(通常是单词)。代码 9-4 展示了如何把句子划分为单词。

Regex Tokenizer 基于正则表达式提供了更多分区选项。默认情况下,参数"pattern"是分隔文本的分隔符。或者,用户可以指定参数"gaps"指示正则"patten"表示"tokens"而不是分隔符,以便找到分隔结果的所有可能的匹配。

代码 9-4

```
from pyspark.ml.feature import Tokenizer, RegexTokenizer

sentenceDataFrame = spark.createDataFrame([
    (0, "Hi I heard about Spark"),
    (1, "I wish Java could use case classes"),
    (2, "Logistic, regression, models, are, neat")
], ["label", "sentence"])
tokenizer = Tokenizer(inputCol = "sentence", outputCol = "words")
wordsDataFrame = tokenizer.transform(sentenceDataFrame) for words_label in wordsDataFrame.select
("words", "label").take(3):
    print(words_label)
regexTokenizer = RegexTokenizer(inputCol = "sentence", outputCol = "words", pattern = "\\W")
```

(2)n-gram。

n-gram 是一个长度为整数 n 的单词序列。n-gram 可用于将输入转换为 n-gram。

n-gram 的输入是一系列字符串(如分词器的输出)。参数 n 确定每个 n-gram 包含的对象数量。结果由一系列 n-gram 组成,每个 n-gram 代表一个空格分割的 n 个连续字符。如果输入少于 n 个字符串,将没有输出(代码 9-5)。

代码 9 - 5

```
from pyspark. ml. feature import NGram
wordDataFrame = spark. createDataFrame( [
    (0, ["Hi", "I", "heard", "about", "Spark"]),
    (1, ["I", "wish", "Java", "could", "use", "case", "classes"]),
    (2, ["Logistic", "regression", "models", "are", "neat"])
], ["label", "words"])
ngram = NGram( inputCol = "words", outputCol = "ngrams")
ngramDataFrame = ngram. transform( wordDataFrame)
for ngrams_label in ngramDataFrame. select("ngrams", "label"). take(3):
    print( ngrams_label)
```

（3）二值化（Binarizer）。

二值化是根据阈值将连续数值特征转换为 0 ~ 1 特征的过程。

二值化参数有输入、输出以及阈值。特征值大于阈值将映射为 1.0，特征值小于等于阈值将映射为 0.0（代码 9 - 6）。

代码 9 - 6

```
from pyspark. ml. feature import Binarizer
continuousDataFrame = spark. createDataFrame( [
    (0, 0.1),
    (1, 0.8),
    (2, 0.2)
], ["label", "feature"])
binarizer = Binarizer( threshold = 0.5, inputCol = "feature", outputCol = "binarized_feature")
binarizedDataFrame = binarizer. transform( continuousDataFrame)
binarizedFeatures = binarizedDataFrame. select( "binarized_feature")
for binarized_feature, in binarizedFeatures. collect( ):
    print( binarized_feature)
```

（4）主成分分析（PCA）。

主成分分析是一种统计方法，它使用正交转换从可能相关的一系列变量中提取一组线性无关变量集，提取的变量集中的元素称为主成分。PCA 方法可用于对变量集合进行降维。以下示例将显示如何将 5D 特征向量转换为 3D 主成分向量（代码 9 - 7）。

代码 9 - 7

```
from pyspark. ml. feature import PCA
from pyspark. ml. linalg import Vectors
data = [ ( Vectors. sparse( 5, [ ( 1, 1.0 ), ( 3, 7.0 ) ] ), ),
        ( Vectors. dense( [ 2.0, 0.0, 3.0, 4.0, 5.0 ] ), ),
        ( Vectors. dense( [ 4.0, 0.0, 0.0, 6.0, 7.0 ] ), ) ]
df = spark. createDataFrame( data, [ "features" ] )
pca = PCA( k = 3, inputCol = "features", outputCol = "pcaFeatures" )
model = pca. fit( df )
result = model. transform( df ). select( "pcaFeatures" )
result. show( truncate = False )
```

(5)多项式展开(Polynomial Expansion)。

多项式扩展通过产生 n 维组合将原始特征扩展到多项式空间。下面将介绍把特征集拓展到三维多项式空间的方法(代码 9 - 8)。

代码 9 - 8

```
from pyspark. ml. feature import PolynomialExpansion
from pyspark. ml. linalg import Vectors
df = spark. createDataFrame( [ [ ( Vectors. dense( [ -2.0, 2.3 ] ), ),
                                ( Vectors. dense( [ 0.0, 0.0 ] ), ),
                                ( Vectors. dense( [ 0.6, -1.1 ] ), ) ],
                              [ "features" ] )
px = PolynomialExpansion( degree = 3, inputCol = "features", outputCol = "polyFeatures" )
polyDF = px. transform( df )
for expanded in polyDF. select( "polyFeatures" ). take( 3 ) :
    print( expanded )
```

(6)离散余弦交换(DCT)。

离散余弦变换是一种与傅立叶变换有关的变换,它类似于离散傅立叶变换,但仅使用实数。离散余弦变换等效于长度大概是其两倍的离散傅立叶变换,此离散傅立叶变换是针对实偶函数进行的(因为实偶函数的傅立叶变换仍然是一个实偶函数)。离散余弦变换通常用于信号处理和图像处理中,如对信号和图像(包括静止图像和运动图像)进行有损数据压缩(代码 9 - 9)。

代码 9 - 9

```
from pyspark. ml. feature import DCT
from pyspark. ml. linalg import Vectors

df = spark. createDataFrame([
    (Vectors. dense([0.0, 1.0, -2.0, 3.0]), ),
    (Vectors. dense([-1.0, 2.0, 4.0, -7.0]), ),
    (Vectors. dense([14.0, -2.0, -5.0, 1.0]), )], ["features"])
dct = DCT(inverse = False, inputCol = "features", outputCol = "featuresDCT")
dctDf = dct. transform(df)
for dcts in dctDf. select("featuresDCT"). take(3):
    print(dcts)
```

(7)字符串 – 索引变换(String Indexer)。

String Indexer 将字符串标签编码为标签指示符。索引值的取值范围是[0, NumLabels], 按标签的频率排序, 因此最频繁使用的标签的索引为 0。如果输入列为数字, 我们首先将其映射到字符串然后再对字符串的值进行指标。如果下游管道节点需要使用字符串 – 指标标签, 则输入和钻取也必须是字符串 – 指标列名(代码 9 - 10)。

代码 9 - 10

```
from pyspark. ml. feature import StringIndexer

df = spark. createDataFrame(
    [(0, "a"), (1, "b"), (2, "c"), (3, "a"), (4, "a"), (5, "c")],
    ["id", "category"])
indexer = StringIndexer(inputCol = "category", outputCol = "categoryIndex")
indexed = indexer. fit(df). transform(df)
indexed. show()
```

(8)索引 – 字符串变换(Index To String)。

对应于 String Indexer, Index To String 将指标标签映射回原始字符串标签。一种常用的方案是通过 StringIndexer 生成指标标签, 然后使用指标标签进行训练, 最后使用 Index To String 获取预测结果的原始标签字符串(代码 9 - 11)。

代码 9 - 11

```
from pyspark. ml. feature import IndexToString, StringIndexer
df = spark. createDataFrame(
    [(0, "a"), (1, "b"), (2, "c"), (3, "a"), (4, "a"), (5, "c")],
    ["id", "category"])
stringIndexer = StringIndexer(inputCol = "category", outputCol = "categoryIndex")
model = stringIndexer. fit( df)
indexed = model. transform( df)
converter = IndexToString( inputCol = "categoryIndex", outputCol = "originalCategory")
converted = converter. transform( indexed)
converted. select( "id", "originalCategory"). show( )
```

(9)独热编码(One Hot Encoder)。

独热编码将标签指标映射到具有最多一个单一值的二值向量。该编码用于将种类特征应用到需要连续特征的算法,例如逻辑回归(代码9 - 12)。

代码 9 - 12

```
from pyspark. ml. feature import OneHotEncoder, StringIndexer

df = spark. createDataFrame( [
    (0, "a"),
    (1, "b"),
    (2, "c"),
    (3, "a"),
    (4, "a"),
    (5, "c")
], ["id", "category"])
stringIndexer = StringIndexer(inputCol = "category", outputCol = "categoryIndex")
model = stringIndexer. fit( df)
indexed = model. transform( df)
encoder = OneHotEncoder( dropLast = False, nputCol = "categoryIndex", outputCol = "categoryVec")
encoded = encoder. transform( indexed)
```

(10)向量 - 索引变换(Vector Indexer)。

Vector Indexer 解决数据集中的类别特征 Vector。它可以自动识别属于类别型的特征,并将原始值转换为类别指标。它的处理流程如下。

①获得一个向量类型的输入以及 maxCategories 参数;

②基于原始数值,需要对特征进行分类,即对 maxCategories 进行分类;

③对于每一个类别特征，计算 0 – based 类别指标；

④索引类别特征并将原始值转换为指标。

索引后的类别特征可以帮助决策树和其他算法处理类别型特征并获得到更好的结果。

在代码 9 – 13 中，读入一个数据集，并使用 VectorIndexer 来确定哪些特征需要被作为非数值类型处理，然后将非数值型特征转换为其索引。

代码 9 – 13

```python
from pyspark. ml. feature import VectorIndexer

data = spark. read. format("libsvm"). load("data/mllib/sample_libsvm_data. txt")
indexer = VectorIndexer(inputCol = "features", outputCol = "indexed", maxCategories = 10)
indexerModel = indexer. fit(data)

# 创建新列"索引"，并将分类值转换为索引
indexedData = indexerModel. transform(data)
indexedData. show()
```

(11) 正则化(normalizer)。

Normalizer 是一种转换器，可以将多行向量输入转换为统一的形式。参数为 p(默认值为 2)，以指定正则化中使用的 p – norm。正则化可以标准化输入数据并提高后期学习算法的效果。

代码 9 – 14 显示了如何读入一个 LIBSVM 格式的数据，并将每一行转换为 L^2 和 L^∞ 形式。

代码 9 – 14

```python
from pyspark. ml. feature import Normalizer

dataFrame = spark. read. format("libsvm"). load("data/mllib/sample_libsvm_data. txt")

#使用 L² 范数规范化每个向量
normalizer = Normalizer(inputCol = "features", outputCol = "normFeatures", p = 1.0)
l1NormData = normalizer. transform(dataFrame)
l1NormData. show()
#使用 L∞ 范数规范化每个向量
lInfNormData = normalizer. transform(dataFrame, {normalizer. p: float("inf")})
```

(12) 标准缩放(Standard Scaler)。

Standard Scaler 处理向量数据，将每个特征标准化使其有统一的标准差或均值为零。

它需要如下参数：

①with Std：默认值为真，使用统一标准差方式。

②with Mean：默认值为假，此种方法将产出一个稠密输出，因此不适合稀疏输入。

Standard Scaler 是一个 Estimator，它可以 fit 数据集产生一个 Standard Scaler Model，用来计算汇总统计。产生的模可用于转换向量至统一的标准差或零均值特征。注意，如果特征的标准差为零，则该特征在向量中返回的默认值为 0.0。

代码 9－15 展示了如果读入一个 LIBSVM 形式的数据以及返回有统一标准差的标准化特征。

代码 9－15

```
from pyspark. ml. feature import StandardScaler

dataFrame = spark. read. format("libsvm"). load("data/mllib/sample_libsvm_data.txt")
scaler = StandardScaler(inputCol = "features", outputCol = "scaledFeatures",
                        withStd = True, withMean = False)

#通过安装 StandardScaler 计算汇总统计信息
scalerModel = scaler. fit(dataFrame)

#标准化每个特征以具有单位标准偏差
scaledData = scalerModel. transform(dataFrame)
scaledData. show()
```

（13）最大值－最小值缩放（Min Max Scaler）。

Min Max Scaler 通过重新调节大小将 Vector 形式的列转换到指定的范围内，通常为[0，1]，它的参数如下。

①min：默认为 0.0，为转换后所有特征的下边界；

②max：默认为 1.0，为转换后所有特征的下边界。

Min Max Scaler 计算数据集的合集统计量并生成一个 Min Max Scaler Model。该模型可以将独立的特征值转换到指定范围内。

对于特征 E 来说，调整后的特征值如下：

$$\text{Rescaled}(e_i) = \frac{e_i - E_{\min}}{E_{\max} - E_{\min}} \times (E_{\max} - E_{\min}) + E_{\min} \tag{8－4}$$

如果 $E_{\max} = E_{\min}$，则 $\text{Rescaled} = 0.5 \times (E_{\max} - E_{\min})$。

注意，即便对于稀疏输入，由于转换后零值可能变为非零，因此输出也可能为稠密向量。

代码 9－16 显示了如何以 LIBSVM 形式读入数据并将其特征值调整为[0，1]。

代码 9 – 16

```
from pyspark. ml. feature import MinMaxScaler

dataFrame = spark. read. format( "libsvm" ) . load( "data/mllib/sample_libsvm_data. txt" )

Scaler = MinMaxScaler( inputCol = "features" , outputCol = "scaledFeatures" )

#计算摘要统计信息并生成 MinMaxScalerModel
ScalerModel = scaler. fit( dataFrame)

#将每个特征重新缩放到范围[ min, max]。
ScaledData = scalerModel. transform( dataFrame)
ScaledData. show( )
```

（14）最大值 – 平均值缩放（Max Abs Scaler）。

Max Abs Scaler 使用每个特征的最大值的绝对值将输入向量的特征值转换为[-1, 1]。由于它不会转移/集中数据，因此不会破坏数据的稀疏性。

代码 9 – 17 显示了如何以 LIBSVM 的形式读入数据并将特征值调整为[-1, 1]。

代码 9 – 17

```
from pyspark. ml. feature import MaxAbsScaler

dataFrame = spark. read. format( "libsvm" ) . load( "data/mllib/sample_libsvm_data. txt" )

scaler = MaxAbsScaler( inputCol = "features" , outputCol = "scaledFeatures" )

#计算摘要统计信息并生成 MaxAbsScalerModel
scalerModel = scaler. fit( dataFrame)

#将每个特征重新缩放到范围[ -1, 1]
scaledData = scalerModel. transform( dataFrame)
scaledData. show( )
```

（15）元素智能乘积（Elementwise Product）。

Elementwise Product 返回输入向量元素级别与提供的"weight"向量的乘积。也就是说，根据提供的权重缩放输入数据，获得输入向量 v 和权重向量 w 的 Hadamard 积。

$$
\begin{pmatrix} v_1 \\ \cdots \\ v_n \end{pmatrix} \times \begin{pmatrix} w_1 \\ \cdots \\ w_n \end{pmatrix} = \begin{pmatrix} v_1 w_1 \\ \cdots \\ v_n w_n \end{pmatrix} \tag{8-5}
$$

代码 9 - 18 展示了如何通过转换向量的值来调整向量。

代码 9 - 18

```
from pyspark. ml. feature import ElementwiseProduct
from pyspark. ml. linalg import Vectors

#创建一些矢量数据：也适用于稀疏向量
data = [ ( Vectors. dense( [1.0, 2.0, 3.0] ), ), ( Vectors. dense( [4.0, 5.0, 6.0] ), ) ]
df = spark. createDataFrame( data, [ "vector" ] )
transformer = ElementwiseProduct( scalingVec = Vectors. dense( [0.0, 1.0, 2.0] ),
inputCol = "vector", outputCol = "transformedVector" )
#批量转换向量以创建新列
transformer. transform( df). show( )
```

(16) SOL 转换器(SQL Transformer)。

SQL Transformer 工具用来转换由 SQL 定义的陈述。目前仅支持 SQL 语法如"SELECT …FROM __THIS__ …",其中"__THIS__"代表输入数据的基础表。SELECT 语句指定输出中显示的字段、元素和表达式,并支持 Spark SQL 中的所有 SELECT 语句。用户可以根据选择结果使用 Spark SQL 建立方程式或用户自定义的函数。

SQLTransformer 支持语法示例如下:

①SELECT a, a + b AS a_b FROM __THIS__

②SELECT a, SQRT(b) AS b_sqrt FROM __THIS__ where a > 5

③SELECT a, b, SUM(c) AS c_sum FROM __THIS__ GROUP BY a, b

代码 9 - 19

```
from pyspark. ml. feature import SQLTransformer

df = spark. createDataFrame( [ (0, 1.0, 3.0),
                              (2, 2.0, 5.0) ],
[ "id", "v1", "v2" ] )
sqlTrans = SQLTransformer(
    statement = "SELECT *, (v1 + v2) AS v3, (v1 * v2) AS v4 FROM __THIS__" )
sqlTrans. transform( df). show( )
```

（17）向量汇编（Vector Assembler）。

Vector Assembler 是一个转换器，它将给定数量的列合并为一个单列向量。它可以将原始特征和其他转换器获得的一系列特征组合到单个特征向量中，以训练机器学习算法，例如逻辑回归和决策树等。Vector Assembler 可接受的输入列类型：数值型、布尔型、向量型。输入列的值将按指定顺序依次添加到新向量中（代码 9 - 20）。

代码 9 - 20

```
from pyspark. ml. linalg import Vectors
from pyspark. ml. feature import VectorAssembler

dataset = spark. createDataFrame(
    [(0, 18, 1.0, Vectors. dense([0.0, 10.0, 0.5]), 1.0)],
    ["id", "hour", "mobile", "userFeatures", "clicked"])
assembler = VectorAssembler(
    inputCols = ["hour", "mobile", "userFeatures"],
    outputCol = "features")
output = assembler. transform(dataset)
```

（18）分位数求解器（Quantile Discretizer）。

Quantile Discretizer 将连续型特征转换为分级类别特征。分级的数量由 numBuckets 参数决定，分级的范围由渐进算法决定，渐进的精度由 relative error 参数决定。当 relative error 设置为 0 时，分位数求解器将会计算精确的分位点（成本很高）。分级结构的上下边界从负无穷人到正无穷大，涵盖了所有实数值（代码 9 - 21）。

代码 9 - 21

```
from pyspark. ml. feature import QuantileDiscretizer

data = [(0, 18.0, ), (1, 19.0, ), (2, 8.0, ), (3, 5.0, ), (4, 2.2, )]
df = spark. createDataFrame(data, ["id", "hour"])
discretizer = QuantileDiscretizer(numBuckets = 3, inputCol = "hour", outputCol = "result")
result = discretizer. fit(df). transform(df)
result. show()
```

3. 特征选择

（1）向量机（Vector Slicer）。

向量机是一个转换器，输入特征向量并将原始特征输出到量子集。向量机接收具有特定索引的向量列，并筛选这些索引的值以获得一组新的向量集。向量机接受以下两种索引：整数索引，setIndices()；字符串索引表示向量中特征的名称，这要求向量列有 attribute Group，因为该工具会根据 attribute 来匹配名称字段。

整数索引可以指定整数。另外，可以同时使用整数索引和字符串名称。不允许使用重复的特征，因此所选的索引或者名称不得唯一。注意，如果使用名称特征，遇到空值时则会报错。输出将首先按所选的数字索引（按输入顺序）排序，其次按名称（按输入顺序）排序。如代码 9 – 22 所示。

代码 9 – 22

```python
from pyspark.ml.feature import VectorSlicer
from pyspark.ml.linalg import Vectors
from pyspark.sql.types import Row
df = spark.createDataFrame([
    Row(userFeatures = Vectors.sparse(3, {0: -2.0, 1: 2.3})), ),
    Row(userFeatures = Vectors.dense([-2.0, 2.3, 0.0]), )])
slicer = VectorSlicer(inputCol = "userFeatures", outputCol = "features", indices = [1])
output = slicer.transform(df)
output.select("userFeatures", "features").show()
```

(2) R 公式。

R 公式通过 R 模型公式来选择列。支持 R 操作中的部分操作，包括" ~ "，" . "，" : "，" + "以及" – "。基本操作如下：~ 分隔目标和对象；+ 合并对象，" +0"为删除空格；":"交互（数值相乘，类别二值化）；"."除了目标外的全部列。

假设 a 和 b 为两列：$y \sim a + b$ 表示模型 $y \sim w0 + w1 * a + w2 * b$，其中 $w0$ 为截距，$w1$ 和 $w2$ 为相关系数；$y \sim a + b + a : b - 1$ 表示模型 $y \sim w1 * a + w2 * b + w3 * a * b$，其中 $w1$，$w2$，$w3$ 是相关系数。

R 公式产生一个向量特征列和 double 或字符串标签列。如果类别列为字符串类型，则通过 StringIndexer 将其转换为 double 类型。如果标签列不存在，则在输出中使用指定的响应变量创建一个标签列。如代码 9 – 23 所示。

代码 9 – 23

```python
from pyspark.ml.feature import RFormula
dataset = spark.createDataFrame(
    [(7, "US", 18, 1.0),
     (8, "CA", 12, 0.0),
     (9, "NZ", 15, 0.0)],
```

续代码 9 - 23

```
    ["id", "country", "hour", "clicked"])
formula = RFormula(
    formula = "clicked  ~  country + hour",
    featuresCol = "features",
    labelCol = "label")
output = formula.fit(dataset).transform(dataset)
output.select("features", "label").show()
```

(3) ChiSq Selector。

ChiSq Selector 代表卡方特征选择。它适用于带有类别特征的标签数据。ChiSq Selector 根据类别的独立卡方 2 检验对特征进行排序，然后选取类别标签主要依赖的特征。它类似于选取最有预测能力的特征(代码 9 - 24)。

代码 9 - 24

```
from pyspark.ml.feature import ChiSqSelector
from pyspark.ml.linalg import Vectors
df = spark.createDataFrame([
    (7, Vectors.dense([0.0, 0.0, 18.0, 1.0]), 1.0, ),
    (8, Vectors.dense([0.0, 1.0, 12.0, 0.0]), 0.0, ),
    (9, Vectors.dense([1.0, 0.0, 15.0, 0.1]), 0.0, )], ["id", "features", "clicked"])
selector = ChiSqSelector(numTopFeatures = 1, featuresCol = "features",
                         outputCol = "selectedFeatures", labelCol = "clicked")
result = selector.fit(df).transform(df)
result.show()
```

9.2.3　管道

MLlib 提供了一个标准接口，可以将多个算法组合到单个管道或者工作流中。

1. 数据框

机器学习接口使用 Spark SQL 中的数据框架形式的数据作为数据集，该数据集可以处理各种数据类型。例如，一个数据框可以具有不同的列来存储文本、特征向量、标签值和预测值。机器学习算法可以应用于多种类型的数据，例如向量、文本、图像和结构化数据。Spark SQL 的数据框管道接口用来支持多种类型的数据。可以查看 Spark SQL Data Type Reference 以了解数据框支持的基础和结构化数据类型。除了 Spark SQL 指南中提到的数据类型外，数据框还可以使用机器学习向量类型。可以根据规则的 RDD 显式或者隐式地建立数据框，如代码 9 – 25 所示。数据框中的列需要命名。代码中的示例使用例如"text"、"features"和"label"的名称。

代码 9 – 25

```
from pyspark. ml import Pipeline
from pyspark. ml. classification import LogisticRegression
from pyspark. ml. feature import HashingTF, Tokenizer
#从(id, text, label)元组列表准备训练文档
training = spark. createDataFrame([
     (0, "a b c d e spark", 1.0),
     (1, "b d", 0.0),
     (2, "spark f g h", 1.0),
     (3, "hadoop mapreduce", 0.0)], ["id", "text", "label"])
#配置 ML 管道，该管道包含三个阶段: tokenizer, hashingTF, and lr
tokenizer = Tokenizer( inputCol = "text", outputCol = "words")
hashingTF = HashingTF( inputCol = tokenizer. getOutputCol(), outputCol = "features")
lr = LogisticRegression( maxIter = 10, regParam = 0.01)
pipeline = Pipeline( stages = [tokenizer, hashingTF, lr])

#使管道适合训练文档
model = pipeline. fit( training)
#准备没有标签(id, text)元组的测试文档
test = spark. createDataFrame([
     (4, "spark i j k"),
     (5, "l m n"),
     (6, "mapreduce spark"),
     (7, "apache hadoop")], ["id", "text"])
#对测试文档进行预测并打印感兴趣的列
prediction = model. transform( test)
selected = prediction. select("id", "text", "prediction")
for row in selected. collect():
     print( row)
```

2. 转换器

转换器包括特征变化和学习模型。从技术上讲，转化器通过 transform() 方法将一列或多列添加到原始数据中，并将一个数据框转为另一个数据框。例如，一个特征转换器输入一个数据框，读取一个文本列，将其映射到一个新的特征向量列，然后输出一个带有特征向量列的新数据框；一个学习模型转换器输入一个数据框，读取包括特征向量的列，预测

每个特征向量的标签,并输出一个新的带有预测标签列的数据框。

3. 估计器

估计器是一种适合数据框来产生转换器的算法。从技术上讲,估计器通过 fit( )方法接收数据框产生模型。例如,逻辑回归是通过 fit( )生成逻辑回归模型的估计器。

4. 管道

一个管道连接多个转换器和估计器,以定义一个机器学习工作流。在机器学习中,运行一系列算法来处理和学习数据是很常见的。例如,一个文档数据处理工作流可能包括以下步骤:将文档分为单个词语;将每个文档中的词语转换为数字特征向量;使用特征向量和标签来学习预测模型。MLlib 将上述的工作流描述为管道,其中包含了要执行的一系列顺序管道阶段(转换器和估计器)。

管道的工作原理:由一系列有顺序的阶段(每个状态时转换器或估计器)指定。每个状态的操作都是有顺序的,并且输入数据框在每个阶段都会改变。在转换器阶段,在数据框上调用 transform( )方法。在估计器阶段,调用 fit( )方法生成一个转换器,然后在数据框上调用该转换器的 transform( )方法。

5. 参数

管道中的所有转换器和估计器都使用一个共同接口来指定参数。Param 是有完备文档的已命名参数。Param Map 是一些列的"参数 – 值"对。

将参数传递给算法的主要方法有两种。

(1)给实体设置参数。例如,lr 是逻辑回归实体,lr. setMaxIter(10)在拟合过程中,使得 lr 最多可以迭代 10 次,该接口类似于 spark. mllib 包;

(2)传递 Param Map 到 fit( )或者 transform( )。所有在 Param Map 里的参数都将通过设置被重写。

参数属于指定估计器和转换器实体过程。因此,如果有两个逻辑回归实体 lr1 和 lr2,则可以建立一个 Param Map 来指定两个实体的最大迭代次数参数:Param Map(lr1. maxIter – >10, lr2. maxIter – >20)。当管道中有两个算法都有最大迭代次数参数时,这非常有用。

估计器、转换器和参数示例如代码 9 – 26 所示。

代码 9 – 26

```
from pyspark. ml. linalg import Vectors
from pyspark. ml. classification import LogisticRegression
#从( label, features) 元组列表准备训练数据。
training = spark. createDataFrame([
    (1.0, Vectors. dense([0.0, 1.1, 0.1])),
```

续代码 **9 - 26**

```
    (0.0, Vectors.dense([2.0, 1.0, -1.0])),
    (0.0, Vectors.dense([2.0, 1.3, 1.0])),
    (1.0, Vectors.dense([0.0, 1.2, -0.5]))], ["label", "features"])
#创建一个 LogisticRegression 实例，该实例是一个估计器
lr = LogisticRegression(maxIter=10, regParam=0.01)
#打印出参数、文档和任何默认值
print("LogisticRegression parameters: \n" + lr.explainParams() + "\n")
#了解 LogisticRegression 模型，它使用存储在 lr 中的参数
model1 = lr.fit(training)
#由于 model1 是 Model（即由估算器产生的变压器）
#我们可以查看它在 fit()中使用的参数
#这将打印参数对（name: value）
#其中名称是此 LogisticRegression 实例的唯一 ID
print("Model 1 was fit using parameters: ")
print(model1.extractParamMap())
#我们也可以使用 Python 字典作为 paramMap 来指定参数
paramMap = {lr.maxIter: 20}
paramMap[lr.maxIter] = 30    # Specify 1 Param, overwriting the original maxIter
paramMap.update({lr.regParam: 0.1, lr.threshold: 0.55})    # Specify multiple Params
#您可以结合使用 paramMaps 和 Python 字典
paramMap2 = {lr.probabilityCol: "myProbability"}    # Change output column name
paramMapCombined = paramMap.copy()

paramMapCombined.update(paramMap2)
#现在使用 paramMapCombined 参数学习一个新模型
# paramMapCombined 会覆盖之前通过 lr.set* 方法设置的所有参数
model2 = lr.fit(training, paramMapCombined)
print("Model 2 was fit using parameters: ")
print(model2.extractParamMap())


#准备测试数据
test = spark.createDataFrame([
    (1.0, Vectors.dense([-1.0, 1.5, 1.3])),
    (0.0, Vectors.dense([3.0, 2.0, -0.1])),
    (1.0, Vectors.dense([0.0, 2.2, -1.5]))], ["label", "features"])

#使用 Transformer.transform()方法对测试数据进行预测
# LogisticRegression.transform 将仅使用'features'列
```

续代码 9 – 26

```
#请注意，model2. transform( )输出的是"myProbability"列，而不是通常的列
#因为我们之前已重命名了 lr. probabilityCol 参数，所以使用了'probability'列
prediction = model2. transform( test)
selected = prediction. select("features"，"label"，"myProbability"，"prediction")
for row in selected. collect( )：
    print（row）
```

9.3　Spark MLlib 通用的学习算法

MLlib 是 Spark 的可扩展机器学习库，包括分类、回归、聚类、协同过滤和降维等算法与工具，也包括调优的部分。

9.3.1　Spark. mllib 的数据类型，算法以及工具

（1）数据类型（data types）。

（2）基本统计（basic statistics）。

①概括统计（summary statistics）。

②相关性（correlations）。

③分层取样（stratified sampling）。

④假设检验（hypothesis testing）。

⑤随机数生成（random data generation）。

（3）分类和回归（classification and regression）。

①线性模型（支持向量机，逻辑回归，线性回归）（linear models）（SVMs, logistic regression, linear regression）。

②贝叶斯算法（naive Bayes）。

③决策树（decision trees）。

④树套装（随机森林和梯度提升决策树）（ensembles of trees）（random forests and gradient – boosted trees）

⑤保序回归（isotonic regression）。

（4）协同过滤（collaborative filtering）。

（5）聚类（clustering）。

①交替最小二乘法（alternating least squares，ALS）。

②k – 均值算法（k – means）。

③高斯混合（Gaussian mixture）。

④幂迭代聚类（power iteration clustering，PIC）。

⑤隐含狄利克雷分配(latent Dirichlet allocation，LDA)。

⑥平分 k - 均值(bisecting k - means)。

⑦流式 k - 均值(streaming k - means)。

(6)降维(dimensionality reduction)。

①奇异值分解(singular value decomposition，SVD)。

②主成分分析(principal component analysis，PCA))。

(7)特征提取和转化(feature extraction and transformation)。

(8)优化部分[optimization (developer)]。

①随机梯度下降(stochastic gradient descent)。

②limited - memory BFGS (L - BFGS)短时记忆的 BFGS(拟牛顿法中的一种，解决非线性问题)。

9.3.2　分类

1.逻辑回归

逻辑回归是针对二分类问题流行的预测方法，这是广义线性模型在预测结果概率方面的一种特殊应用。它是一个线性模型，见式(8-6)，其中损失函数为逻辑损失：

$$L(w；x,y)：= \lg[1 + \exp(-yw^{\mathrm{T}}x)] \tag{8-6}$$

对于二分类问题，该算法生成一个二值逻辑回归模型。给定以 x 表示的新数据，通过以下逻辑方程预测模型：

$$f(z) = \frac{1}{1 + \mathrm{e}^{-z}} \tag{8-7}$$

式中，$z = w^{\mathrm{T}}x$；默认情况下，如果 $f(w^{\mathrm{T}}x)$，结果为正，否则为负；与线性 SVMs 不同，逻辑回归的原始输出具有概率解释(x 为正概率)。

二分类逻辑回归可以扩展到多分类逻辑回归来训练和预测多类别分类问题。如果一个分类问题有 K 个可能的结果，则选取其中一个作为"中心点"，将其他 $K-1$ 个结果视为中心点结果的对立点。在 spark.mllib 中，将第一个类别作为中心点类别。

目前 spark.ml 仅支持二分类问题，并且将来会改进多分类回归。

使用非拦截的连续非零列训练逻辑回归模型时，Spark MLlib 为连续非零列输出零系数。

代码 9-27 显示了如何使用弹性网络正则化训练逻辑回归模型。elasticNetParam 对应于 α，regParam 对应于 λ。

代码 9 - 27

```
from pyspark. ml. classification import LogisticRegression

#加载训练数据
training = spark. read. format("libsvm"). load("data/mllib/sample_libsvm_data. txt")

lr = LogisticRegression(maxIter = 10, regParam = 0. 3, elasticNetParam = 0. 8)

#拟合模型
lrModel = lr. fit(training)

#打印系数并截取逻辑回归
print("Coefficients: " + str(lrModel. coefficients))
print("Intercept: " + str(lrModel. intercept))
```

2. 决策树算法

决策树及其集成算法是机器学习分类和回归问题中非常流行的算法。由于其易解释性、易于处理类别特征、易扩展到多分类问题且无须特征缩放等性质被广泛使用。诸如随机森林和 boosting 算法之类的树集成算法几乎是解决分类和回归问题的最佳算法。

决策树是一种贪婪算法，它将特征空间递归地分为两部分，并且同一个叶节点中的数据最后将具有相同的标签。为了获得最大信息增益，从可选择的分裂方式中选择最佳的分裂节点。节点杂质是通过节点中包含的类别同质性来衡量的。该工具为分类提供了两种不纯度衡量（Gini 不纯度和熵），而为回归提供了一种不纯度衡量（方差）。

spark. ml 支持二分类、多分类和回归决策树算法，适用于连续特征和类别特征。对于分类问题，该工具可以返回属于每个类别的概率（类别条件概率）；对于回归问题，该工具可以返回在偏置样本上预测的方差（代码 9 - 28）。

代码 9 - 28

```
from pyspark. ml import Pipeline
from pyspark. ml. classification import DecisionTreeClassifier
from pyspark. ml. feature import StringIndexer, VectorIndexer
from pyspark. ml. evaluation import MulticlassClassificationEvaluator

#加载以 LIBSVM 格式存储的数据作为 Data Frame
data = spark. read. format("libsvm"). load("data/mllib/sample_libsvm_data. txt")
#索引标签，将元数据添加到标签列
```

续代码 9 - 28

```
#适合整个数据集以包含 index 中的所有标签
labelIndexer = StringIndexer( inputCol = "label", outputCol = "indexedLabel" ). fit( data)
#自动识别分类特征并为其编制索引
#我们指定 maxCategories, 因此具有大于 4 个不同值的要素将被视为连续要素
featureIndexer = \VectorIndexer( inputCol = "features", outputCol = "indexedFeatures", maxCategories
= 4). fit( data)
#将数据分为训练集和测试集(保留 30% 进行测试)
( trainingData, testData) = data. randomSplit( [0.7, 0.3])

#训练 DecisionTree 模型
dt = DecisionTreeClassifier( labelCol = "indexedLabel", featuresCol = "indexedFeatures")

#管道中的链索引器和树
pipeline = Pipeline( stages = [ labelIndexer, featureIndexer, dt])

#训练模型,这也会运行索引器
model = pipeline. fit( trainingData)

#做出预测
predictions = model. transform( testData)

#选择要显示的示例行
predictions. select( "prediction", "indexedLabel", "features"). show(5)

#选择( prediction, true label) 并计算测试错误
evaluator = MulticlassClassificationEvaluator(
    labelCol = "indexedLabel", predictionCol = "prediction", metricName = "accuracy")
accuracy = evaluator. evaluate( predictions)
print( "Test Error = % g " % ( 1.0 - accuracy))

treeModel = model. stages[2]
print( treeModel)
```

3. 随机森林分类器

随机森林分类器是决策树的集成算法。随机森林包含多个决策树,以减少过度拟合的风险。随机森林具有易解释性、可处理类别特征、易于扩展到多分类问题、无须特征缩放等特征。

随机森林训练一系列的决策树,因此训练过程是并行的。由于算法中的随机过程,每

个决策树都有一点差异。通过结合每棵树的预测结果，可以减少预测的方差并提高在测试集上的性能。

随机森林分类器的随机性体现在：

(1)在每次迭代中，原始数据被抽样两次以获得不同的训练数据。

(2)对于每个树节点，考虑将不同的随机特征子集进行分裂。

另外，决策时的训练过程与单个决策树训练过程相同。

对预测新实例时，随机森林需要整合每个决策树的预测结果。回归和分类的整合的方式略有不同。分类问题采用投票制，每个决策树投票对一个类别进行表决，而得票最多的类别就是最终结果。回归问题的每个树得到的预测结果是实数，最终预测结果是每棵树的预测结果平均值(代码 9-29)。

代码 9-29

```
from pyspark.ml import Pipeline
from pyspark.ml.classification import RandomForestClassifier
from pyspark.ml.feature import StringIndexer, VectorIndexer
from pyspark.ml.evaluation import MulticlassClassificationEvaluator


#加载并解析数据文件，然后将其转换为 Data Frame
data = spark.read.format("libsvm").load("data/mllib/sample_libsvm_data.txt")


#索引标签，将元数据添加到标签列
#适合整个数据集以将所有标签包括在索引中
labelIndexer = StringIndexer(inputCol = "label", outputCol = "indexedLabel").fit(data)
#自动识别分类特征并为其编制索引
#设置 maxCategories，以便具有大于 4 个不同值的要素被视为连续要素
featureIndexer = VectorIndexer(inputCol = "features", outputCol = "indexedFeatures", maxCategories =
4).fit(data)


#将数据分为训练集和测试集(保留 30% 进行测试)
(trainingData, testData) = data.randomSplit([0.7, 0.3])
#训练一个 RandomForest 模型。
rf = RandomForestClassifier(labelCol = "indexedLabel", featuresCol = "indexedFeatures", numTrees = 10)
#管道中的索引器和森林
pipeline = Pipeline(stages = [labelIndexer, featureIndexer, rf])
#训练模型，这也会运行索引器
model = pipeline.fit(trainingData)
#做出预测
predictions = model.transform(testData)
#选择要显示的示例行
predictions.select("prediction", "indexedLabel", "features").show(5)
```

续代码 9 – 29

```
#选择(prediction, true label) 并计算测试错误
evaluator = MulticlassClassificationEvaluator(
    labelCol = "indexedLabel", predictionCol = "prediction", metricName = "accuracy")
accuracy = evaluator. evaluate(predictions)
print("Test Error = % g" % (1.0 - accuracy))

rfModel = model. stages[2]
print(rfModel)    # summary only
```

4. 梯度迭代树分类

梯度迭代树是决策树的集成算法。通过反复训练决策树使损失函数最小化。与决策树类似，梯度提升树具有以下特征：可处理类别特征、易于扩展到多分类问题、无须特征缩放。

梯度迭代树依次迭代训练一系列决策树。在一次迭代中，该算法使用现有的集成来预测每个训练实例的类别行，然后将预测结果与实际的标签值进行比较。通过重新标记，可以对具有预测结果不好的实例赋予更高的权重。因此，在下一次迭代中，决策树将纠正先前的错误。

重新标记实例标签的机制由损失函数指定。在每次迭代过程中，梯度迭代树会进一步减少训练数据上的损失函数值。spark. ml 为分类问题提供损失函数(log loss)，为回归问题提供两个损失函数(平方误差和绝对误差)。

Spark. ml 支持二分类和回归随机森林算法，适用于连续特征以及类别特征。

注意，目前梯度提升树不支持多分类问题。

以下示例以 LibSVM 格式导入数据，并将其划分为训练数据和测试数据。将数据的第一部分用于训练，其余部分用于测试。在训练之前，我们使用了两种数据预处理方法来特征转换，并将元数据添加到 Data Frame 中(代码 9 – 30)。

代码 9 – 30

```
from pyspark. ml import Pipeline
from pyspark. ml. classification import GBTClassifier
from pyspark. ml. feature import StringIndexer, VectorIndexer
from pyspark. ml. evaluation import MulticlassClassificationEvaluator

#加载并解析数据文件，然后将其转换为 Data Frame。
data = spark. read. format("libsvm"). load("data/mllib/sample_libsvm_data.txt")

# Index 标签，将元数据添加到标签列
```

续代码 9 - 30

```
#适合整个数据集以将所有标签包括在索引中
labelIndexer = StringIndexer( inputCol = "label", outputCol = "indexedLabel" ). fit( data)
#自动识别分类特征并为其编制索引
#设置 maxCategories,以便具有大于 4 个不同值的要素被视为连续要素
featureIndexer = VectorIndexer( inputCol = "features", outputCol = "indexedFeatures", maxCategories =
4). fit( data)
#将数据分为训练集和测试集(保留 30% 进行测试)
( trainingData, testData) = data. randomSplit( [0.7, 0.3] )
#训练一个 GBT 模型
gbt = GBTClassifier( labelCol = "indexedLabel", featuresCol = "indexedFeatures", maxIter = 10)


#管道中的链索引器和 GBT
pipeline = Pipeline( stages = [ labelIndexer, featureIndexer, gbt] )


#训练模型,这也会运行索引器
model = pipeline. fit( trainingData)


#做出预测
predictions = model. transform( testData)


#选择要显示的示例行
predictions. select( "prediction", "indexedLabel", "features" ). show( 5)


#选择( prediction, true label) 并计算测试错误
evaluator = MulticlassClassificationEvaluator(
    labelCol = "indexedLabel", predictionCol = "prediction", metricName = "accuracy" )
accuracy = evaluator. evaluate( predictions)
print( "Test Error = % g" % ( 1.0 - accuracy) )


gbtModel = model. stages[2]
print( gbtModel)
```

5. 多层感知机算法

多层感知机是基于反向传播人工神经网络(feed forward artificial neural network)创建的。多层感知机包含多层节点,每个节点都完全连接到网络的下一层。输入层中的节点表示输入数据,其他层中的节点通过将输入数据与该层节点的权重 w 和偏差 b 线性组合,并应用激活函数来获得该层得输出。多层感知机通过定向传播来学习模型,其中我们使用逻辑损失函数和 L - BFGS。$K + 1$ 层多层感知机分类器可以按矩阵形式编写。

$$y(x) = f_k(\cdots f_2(w_2^T f_1(w_1^T x + b_1) + b_2) \cdots + b_k) \qquad (8-8)$$

中间层节点使用 sigmoid 方程：

$$f(z_i) = \frac{1}{1 + e^{-z_i}} \qquad (8-9)$$

输出层使用 softmax 方程：

$$f(z_i) = \frac{e^{z_i}}{\sum_{k=1}^{N} e^{z_k}} \qquad (8-10)$$

输出层中 N 代表类别数目（代码 9 – 31）。

代码 9 – 31

```
from pyspark. ml. classification import MultilayerPerceptronClassifier
from pyspark. ml. evaluation import MulticlassClassificationEvaluator


#加载训练数据
data = spark. read. format("libsvm"). load("data/mllib/sample_multiclass_classification_data. txt")
#将数据分为训练和测试
splits = data. randomSplit([0.6, 0.4], 1234)
train = splits[0]
test = splits[1]
#指定神经网络的层
#大小为4(特征)的输入层，大小为5和4的两个中间层
#和输出大小为3(类)
layers = [4, 5, 4, 3]
#创建训练器并设置其参数
trainer = MultilayerPerceptronClassifier(maxIter = 100, layers = layers,
                          blockSize = 128, seed = 1234)
#训练模型
model = trainer. fit(train)
#计算测试集上的准确性
result = model. transform(test)
predictionAndLabels = result. select("prediction", "label")
evaluator = MulticlassClassificationEvaluator(metricName = "accuracy")
print("Accuracy：" + str(evaluator. evaluate(predictionAndLabels)))
```

6. 一对多分类器

OneVsRest 有效地将给定的二分类算法扩展到多分类问题的应用中，也称为"One – Vs – All"算法。OneVsRest 是一个估计器，它采用一个基础的分类器，为 k 个类别分别创建二分类问题。类别 i 的二分类分类器用来预测类别为 i 或不为 i，即将 i 类和其他类别区分开。

最后，依次对 k 个二分类分类器进行评估，将置信度最高的分类器标签作为 i 类别的标签（代码9-32）。

代码 9-32

```
from pyspark. ml. classification import LogisticRegression, OneVsRest
from pyspark. ml. evaluation import MulticlassClassificationEvaluator

#加载数据文件
inputData = spark. read. format("libsvm"). load("data/mllib/sample_multiclass_classification_data.
txt")
#生成训练/测试拆分
(train, test) = inputData. randomSplit([0.8, 0.2])
#实例化基本分类器
lr = LogisticRegression(maxIter = 10, tol = 1E-6, fitIntercept = True)
#实例化 One Vs Rest 分类器
ovr = OneVsRest(classifier = lr)
#训练多类模型
ovrModel = ovr. fit(train)
#根据测试数据对模型评分
predictions = ovrModel. transform(test)
#获取评估器
evaluator = MulticlassClassificationEvaluator(metricName = "accuracy")
#计算测试数据的分类误差
accuracy = evaluator. evaluate(predictions)
print("Test Error: " + str(1 - accuracy))
```

7. 朴素贝叶斯分类算法

朴素贝叶斯算法是一种基于贝叶斯定理和特征条件的独立假设的分类方法。

朴素贝叶斯的思想基础：对于待分类的给定项目，可以找出在出现该项目的条件下每个类别出现的概率，在没有其他可用信息情况下，选择条件概率最大的类别作为待分类项应属的类别。

朴素贝叶斯分类的正式定义如下。

设一个待分类项为 $x = \{a_1, a_2, \cdots, a_m\}$，每个 a 是 x 的一个特征属性：

(1)有类别集合 $C = \{y_1, y_2, \cdots, y_n\}$。

(2)计算 $P(y_1|x)$，$P(y_2|x)$，$\cdots$，$P(y_n|x)$。

(3)如果 $P(y_k|x) = \max\{P(y_1|x), P(y_2|x), \cdots, P(y_n|x)\}$，则 $x \in y_k$。

当前的关键是如何计算第(3)步中的各个条件概率。即

(4)找到一个已知分类的待分类项集合，称为训练样本集。

（5）统计每个类别下每个特征属性的条件概率估计：

$$P(a_1|y_1), P(a_2|y_1), \cdots, P(a_m|y_1); \cdots; P(a_1|y_n), P(a_2|y_n), \cdots, P(a_m|y_n)$$

$$(8-11)$$

（6）如果各个特征属性在条件上都是独立的，那么根据贝叶斯定理有如下推导：

$$P(y_i|x) = \frac{P(x|y_i)P(y_i)}{P(x)} \qquad (8-12)$$

因为分母对于所有类别为常数，所以将分子最大化即可。又因为各特征属性是条件独立的，所以：

$$P(x \mid y_i)P(y_i) = P(a_1 \mid y_i)P(a_2 \mid y_i), \cdots, P(a_m \mid y_i) = P(y_i)\prod P(a_j \mid y_i)$$

$$(8-13)$$

spark. ml 目前支持多项朴素贝叶斯和伯努利朴素贝叶斯（代码 9 – 33）。

代码 9 – 33

```
from pyspark. ml. classification import NaiveBayes
from pyspark. ml. evaluation import MulticlassClassificationEvaluator

#加载训练数据
data = spark. read. format("libsvm"). load("data/mllib/sample_libsvm_data. txt")
#将数据分为训练和测试。
splits = data. randomSplit([0.6, 0.4], 1234)
train = splits[0]
test = splits[1]

#创建训练器并设置其参数
nb = NaiveBayes(smoothing = 1.0, modelType = "multinomial")

#训练模型
model = nb. fit(train)
#计算测试集上的准确性
result = model. transform(test)
predictionAndLabels = result. select("prediction", "label")
evaluator = MulticlassClassificationEvaluator(metricName = "accuracy")
print("Accuracy：" + str(evaluator. evaluate(predictionAndLabels)))
```

9.3.2　回归

1. 决策树回归

如代码 9 – 34 所示。

代码 9 – 34

```python
from pyspark. ml import Pipeline
from pyspark. ml. regression import DecisionTreeRegressor
from pyspark. ml. feature import VectorIndexer
from pyspark. ml. evaluation import RegressionEvaluator


#加载以 LibSVM 格式存储的数据作为 Data Frame
data = spark. read. format("libsvm"). load("data/mllib/sample_libsvm_data. txt")
#自动识别分类特征并为其编制索引
#我们指定 maxCategories,因此具有 > 大于 4 个不同值的要素将被视为连续要素
featureIndexer = VectorIndexer( inputCol = "features", outputCol = "indexedFeatures", maxCategories =
4). fit( data)
#将数据分为训练集和测试集(保留 30% 进行测试)
( trainingData, testData) = data. randomSplit([0.7, 0.3])
#训练一个 DecisionTree 模型
dt = DecisionTreeRegressor( featuresCol = "indexedFeatures")


#管道中的链索引器和树
pipeline = Pipeline( stages = [ featureIndexer, dt])


#训练模型,这也会运行索引器
model = pipeline. fit( trainingData)


#做出预测
predictions = model. transform( testData)


#选择要显示的示例行
predictions. select( "prediction", "label", "features"). show( 5)


#选择( prediction, true label)并计算测试错误
evaluator = RegressionEvaluator(
    labelCol = "label", predictionCol = "prediction", metricName = "rmse")
rmse = evaluator. evaluate( predictions)
print( "Root Mean Squared Error (RMSE) on test data = % g" % rmse)


treeModel = model. stages[1]


print( treeModel)
```

2. 随机森林回归

代码 9 - 35 中以 LibSVM 格式导入数据，并将其划分为训练数据和测试数据。将数据的第一部分用于训练，其余部分用于测试。训练前通过两种数据预处理方法做特征转换，并且将元数据添加到 Data Frame 中（代码 9 - 35）。

代码 9 - 35

```python
from pyspark.ml import Pipeline
from pyspark.ml.regression import RandomForestRegressor
from pyspark.ml.feature import VectorIndexer
from pyspark.ml.evaluation import RegressionEvaluator

#加载并解析数据文件，将其转换为 Data Frame
data = spark.read.format("libsvm").load("data/mllib/sample_libsvm_data.txt")
#自动识别分类特征并为其编制索引
#设置 maxCategories，以便具有大于 4 个不同值的要素被视为连续要素
featureIndexer = VectorIndexer(inputCol = "features", outputCol = "indexedFeatures", maxCategories = 4).fit(data)
#将数据分为训练集和测试集（保留 30% 进行测试）
(trainingData, testData) = data.randomSplit([0.7, 0.3])

#训练一个 RandomForest 模型
rf = RandomForestRegressor(featuresCol = "indexedFeatures")

#管道中的链索引器和森林
pipeline = Pipeline(stages = [featureIndexer, rf])

#训练模型，这也会运行索引器
model = pipeline.fit(trainingData)

#做出预测
predictions = model.transform(testData)

#选择要显示的示例行
predictions.select("prediction", "label", "features").show(5)
#选择(prediction, true label)并计算测试错误
evaluator = RegressionEvaluator(
    labelCol = "label", predictionCol = "prediction", metricName = "rmse")
rmse = evaluator.evaluate(predictions)
print("Root Mean Squared Error (RMSE) on test data = %g" % rmse)

rfModel = model.stages[1]
print(rfModel)
```

3. 梯度迭代树回归

以代码 9 – 36 为例。

代码 9 – 36

```
from pyspark. ml import Pipeline
from pyspark. ml. regression import GBTRegressor
from pyspark. ml. feature import VectorIndexer
from pyspark. ml. evaluation import RegressionEvaluator

#加载并解析数据文件, 然后将其转换为 Data Frame
data = spark. read. format( "libsvm" ) . load( "data/mllib/sample_libsvm_data. txt" )
#自动识别分类特征并为其编制索引
#设置 maxCategories, 以便具有大于 4 个不同值的要素被视为连续要素
featureIndexer = \VectorIndexer( inputCol = "features" , outputCol = "indexedFeatures" , maxCategories
= 4) . fit( data)
#将数据分为训练集和测试集(保留 30% 进行测试)
( trainingData, testData) = data. randomSplit( [ 0. 7, 0. 3 ] )
#训练一个 GBT model 模型
gbt = GBTRegressor( featuresCol = "indexedFeatures" , maxIter = 10)

#管道中的链索引器和 GBT
pipeline = Pipeline( stages = [ featureIndexer, gbt ] )

#训练模型, 这也会运行索引器
model = pipeline. fit( trainingData)

#做出预测
predictions = model. transform( testData)

#选择要显示的示例行
predictions. select( "prediction" , "label" , "features" ) . show( 5)

#选择( prediction, true label)并计算测试误差
evaluator = RegressionEvaluator(
    labelCol = "label" , predictionCol = "prediction" , metricName = "rmse" )
rmse = evaluator. evaluate( predictions)
print( "Root Mean Squared Error ( RMSE) on test data = % g" % rmse)

gbtModel = model. stages[ 1 ]
print( gbtModel)
```

4. 保序回归

保序回归是一种回归算法。给定一个有限的实数集合 $Y = y_1, y_2, \cdots, y_n$ 代表观察到的响应，以及表示未知的响应值 $X = x_1, x_2, \cdots, x_n$，训练一个模型来使下列方程最小化：

$$f(x) = \sum_{i=1}^{n} w_i (y_i - x_i)^2 \qquad (8-14)$$

式中，$x_1 \leqslant x_2 \leqslant \cdots \leqslant x_n$；$w_i$ 为权重是正值；所得方程称为保序回归，其解是唯一的。可以视其为具有顺序约束下的最小二乘法问题。实际上，在拟合原始数据点时保序回归是一个单调函数。训练数据采用 Data Frame 格式，包含标签、特征值和权重三列。另外保序算法还有另一个名为 isotonic 的参数，其默认值为 True，它指定保序回归为保序（单调递增）或反序（单调递减）。

训练会返回一个保序回归模型，该模型可用于预测已知或未知特征值的标签。保序回归的结果是分段线性函数，预测规则如下。

(1)如果预测输入与训练中的特征值完全匹配，则返回相应标签。如果特征值对应多个预测标签值，则返回其中一个，具体是未指定。

(2)如果预测输入高于（或者低于）训练中的特征值，则返回最高特征值或者最低特征值对应的标签。如果一个特征值对应多个预测标签值，则相应返回最高值或者最低值。

(3)如果预测输入介于两个特征值之间，则该预测会是一个分段线性函数，其值由两个最接近特征值的预测值计算得出。如果特征值对应于多个预测标签值，则使用以上两种情况来解决该问题（代码 9 – 37）。

代码 9 – 37

```
from pyspark. ml. regression import IsotonicRegression, IsotonicRegressionModel

#加载数据
dataset = spark. read. format("libsvm"). load("data/mllib/sample_isotonic_regression_libsvm_data.
txt")

#训练一个 isotonic regression 模型
model = IsotonicRegression(). fit(dataset)
print("Boundaries in increasing order: " + str(model. boundaries))
print("Predictions associated with the boundaries: " + str(model. predictions))

#做出预测
model. transform(dataset). show()
```

5. 生存回归

在 spark.ml 中实现了加速失效时间模型(accelerated failure time,AFT),即截尾数据参数化生存回归的模型。它描述了具有对数生存时间的模型,因此,通常称为生存分析的对数线性模型。与比例危险模型不同,AFT 模型中每个实例对目标函数的贡献是独立的,因此更易并行化。

给定协变量的值 x',对于 $i = 1, \cdots, n$ 可能的右截尾的随机生存时间为 t_i,AFT 模型下的似然函数如下:

$$\tau(\beta, \sigma) = \sum_{i=1}^{n} \left[-\delta_i \log\sigma + \delta_i \log f_0(\varepsilon_i) + (1 - \delta_i) \log S_0(\varepsilon_i) \right] \qquad (8-15)$$

式中,$S_0(\varepsilon_i)$ 是基线生存函数;$f_0(\varepsilon_i)$ 是对应的密度函数。

最常用的 AFT 模型基于韦伯分布的生存时间,而生存时间的韦伯分布对应于生存时间对数的极值分布,$S_0(\varepsilon)$ 函数和 $f_0(\varepsilon_i)$ 函数如下:

$$S_0(\varepsilon_i) = \exp(-e^{\varepsilon_i}) \qquad (8-16)$$

$$f_0(\varepsilon_i) = e^{\varepsilon_i} \exp(-e^{\varepsilon_i}) \qquad (8-17)$$

生存时间服从韦伯分布的 AFT 模型的对数似然函数如下:

$$\tau(\beta, \sigma) = -\sum_{i=1}^{n} \left[\delta_i \log\sigma - \delta_i \varepsilon_i + e^{\varepsilon_i} \right] \qquad (8-18)$$

由于最小化对数似然函数的负数等于最大化后验概率,因此要优化的损失函数为 $-\tau(\beta, \sigma)$,分别对 β 以及 $\log\sigma$ 求导:

$$\frac{\partial(-\tau)}{\partial\beta} = \sum_{i=1}^{n} \left[\delta_i - e^{\varepsilon_i} \right] \frac{x_i}{\sigma}$$

$$\frac{\partial(-\tau)}{\partial(\log\sigma)} = \sum_{i=1}^{n} \left[\delta_i + (\delta_i - e^{\varepsilon_i})\varepsilon_i \right] \qquad (8-19)$$

可以证明,AFT 模型是一个凸优化问题,也就是说,找到凸函数的最小值取决于系数向量和尺度参数的对数。在工具中实施的优化算法为 L - BFGS。

当使用非拦截的连续非零列训练 AFT Survival Regression Model 时,Spark MLlib 为连续非零列输出零系数。

代码 9 - 38

```
from pyspark. ml. regression import AFTSurvivalRegression
from pyspark. ml. linalg import Vectors

training = spark. createData Frame([
    (1.218, 1.0, Vectors. dense(1.560, -0.605)),
    (2.949, 0.0, Vectors. dense(0.346, 2.158)),
    (3.627, 0.0, Vectors. dense(1.380, 0.231)),
    (0.273, 1.0, Vectors. dense(0.520, 1.151)),
```

续代码 9 – 38

```
    (4.199, 0.0, Vectors. dense(0.795, -0.226))], ["label", "censor", "features"])
quantileProbabilities = [0.3, 0.6]
aft = AFTSurvivalRegression( quantileProbabilities = quantileProbabilities,
quantilesCol = "quantiles")
model = aft. fit( training)


#打印系数, 截距和比例参数以进行 AFT 生存回归
print( "Coefficients: " + str( model. coefficients))
print( "Intercept: " + str( model. intercept))
print( "Scale: " + str( model. scale))
model. transform( training). show( truncate = False)
```

9.3.3 聚类

1. K 均值聚类

K – means 是一个常用的聚类算法, 用于按预定数量的簇数来收集数据点。K – means 算法的基本思想是以空间中 k 个中心点进行聚类, 并对最靠近它们的对象进行分类。通过迭代的方法, 逐步更新每个聚类中心的值, 直至得到最佳的聚类结果。

假设将样本集划分为 c 个类, 算法描述如下:

(1)选择 c 个类的初始中心;

(2)在第 k 次迭代中, 对于任何样本, 都会计算样本到 c 个中心的距离, 并将该样本分类到距离最短的中心所在的类;

(3)均值用于更新该类的中心值;

(4)对于所有的 c 个聚类中心, 如果利用(2)、(3)的迭代法更新后值保持不变, 则迭代结束, 否则迭代继续。

MLlib 工具包含并行的 K – means ++ 算法, 称为 K – means ‖。K – means 是一个 estimator, 它在基础模型之上产生一个 K – Means Model。如代码 9 – 39 所示。

代码 9 – 39

```
from pyspark. ml. clustering import KMeans

#加载数据
dataset = spark. read. format("libsvm"). load("data/mllib/sample_kmeans_data. txt")

#训练一个 K – means 模型
```

续代码 9 - 39

```
kmeans = KMeans().setK(2).setSeed(1)
model = kmeans.fit(dataset)


#通过在平方误差的集合和内计算来评估聚类
wssse = model.computeCost(dataset)
print("Within Set Sum of Squared Errors = " + str(wssse))


#显示结果
centers = model.clusterCenters()
print("Cluster Centers: ")
for center in centers:
    print(center)
```

2. 文档主题生成模型(LDA)

LDA(latent dirichlet allocation)是一个文档主题生成模型,也称三层贝叶斯概率模型,它包括词、主题和文档的三层结构。所谓的生成模型,意味着我们认为文章中的每个词都是通过"以一定概率选择了某个主题,并从该主题中选择具有一定概率的某个词语"的过程获得的。文档到主题、主题到词服都从多项式分布。

LDA 是一种无监督的机器学习技术,可用于识别大规模文档集或语料库中潜藏的主题信息。它采用了词袋法,将每个文档视为词频向量,从而将文本信息转化为易于建模的数字信息。但是,词袋法没有考虑词与词之间的顺序,简化了问题的复杂性,为改进模型提供了契机。每个文档代表了某些主题所构成的一个概率分布,并且每个主题代表许多单词所构成的一个概率分布。

如代码 9 - 40 所示。

代码 9 - 40

```
from pyspark.ml.clustering import LDA

#加载数据
dataset = spark.read.format("libsvm").load("data/mllib/sample_lda_libsvm_data.txt")
#训练一个 LDA 模型
lda = LDA(k = 10, maxIter = 10)
model = lda.fit(dataset)
ll = model.logLikelihood(dataset)
lp = model.logPerplexity(dataset)
print("The lower bound on the log likelihood of the entire corpus: " + str(ll))
print("The upper bound bound on perplexity: " + str(lp))
```

续代码 9 – 40

```
#描述主题
topics = model. describeTopics(3)
print("The topics described by their top – weighted terms：")
topics. show(truncate = False)


#显示结果
transformed = mod。 el. transform(dataset)
transformed. show(truncate = False)
```

3. 二分 *K* 均值

二分 *K* 均值算法是一种层次聚类算法，它使用自顶向下的逼近：所有观测值开始是一个簇，然后递归地向下一个层级分裂。分裂依据为选择能最大程度降低聚类代价函数（也就是误差平方和）的簇，并划分为两个簇，一直持续到簇数等于用户给定的数目 *K* 为止。二分 *K* 均值通常比传统 *K* 均值算法具有更快的计算速度，但是生成的簇群通常与传统 *K* 均值算法不同。如代码 9 – 41 所示。

代码 9 – 41

```
from pyspark. ml. clustering import BisectingKMeans

#加载数据
dataset = spark. read. format("libsvm"). load("data/mllib/sample_kmeans_data. txt")

#训练一个 bisecting K – means 模型
bkm = BisectingKMeans(). setK(2). setSeed(1)
model = bkm. fit(dataset)

#评估聚类
cost = model. computeCost(dataset)
print("Within Set Sum of Squared Errors = " + str(cost))

#显示结果
print("Cluster Centers：")
centers = model. clusterCenters()
for center in centers：
    print(center)
```

4. 高斯混合模型(GMM)

混合高斯模型描述了一种混合分布,其中数据点以一定概率服从 K 种高斯子分布。Spark. ml 使用 EM 算法给出一组样本的极大似然模型。

如代码 9 – 42 所示。

代码 9 – 42

```
from pyspark. ml. clustering import GaussianMixture

#加载数据
dataset = spark. read. format("libsvm"). load("data/mllib/sample_kmeans_data.txt")

gmm = GaussianMixture(). setK(2)
model = gmm. fit(dataset)

print("Gaussians: ")
model. gaussiansDF. show()
```

9.3.4　MLlib 协同过滤

协同过滤常被用于推荐系统,这种技术旨在填充"用户 – 商品"联系矩阵中的缺少的项。Spark. ml 当前支持基于模型的协同过滤,其中通过少量的潜在因子来描述用户和商品,用以预测缺失项。Spark. ml 使用交替最小二乘(ALS)算法来学习这些潜在因子。

1. 显式与隐式反馈

在基于矩阵分解的协同过滤的标准方法中,"用户 – 商品"矩阵中的条目是用户对商品的明确偏好。例如,用户对电影的评分。但是在现实世界中,我们只能访问隐式反馈。例如意见、点击、购买、喜欢和分享等。在 spark. ml 中,我们使用"隐式反馈数据集的协同过滤"来处理此类数据。本质上,它不直接对评分矩阵进行建模,而是将数据视为数值,这些数值代表观察到的用户行为值。例如点击次数、用户观看一部电影的持续时间。这些值用于衡量用户偏好观察结果的置信度,而不是对商品进行明确评分。利用该模型查找并预测用户对商品的预期偏好的潜在因子。

2. 正则化参数

我们调整正则化参数 regParam 来解决最小二乘问题,该问题是更新用户因子时由用户的新评分或在更新商品因子时由产品收到的新评分引起的。此方法称为"ALS – WR",它减少了 regParam 对数据集规模的依赖性,因此我们可以从某些子集中学习到的最佳参数应用到整个数据集,以实现同样的性能。

在以下示例中（代码 9 - 43），我们从 MovieLens Dataset 中读取评分数据，并且每一行包括用户、电影、评分以及时间戳。默认情况下，排序是显式的，用以训练 ALS 模型。我们通过预测评分的均方根误差来评估推荐模型，如果评分矩阵来自其他信息来源，也可以将 implicitPrefs 设置为 True 以获得更好的结果。

代码 9 - 43

```
from pyspark.ml.evaluation import RegressionEvaluator
from pyspark.ml.recommendation import ALS
from pyspark.sql import Row

lines = spark.read.text("data/mllib/als/sample_movielens_ratings.txt").rdd
parts = lines.map(lambda row: row.value.split("::"))
ratingsRDD = parts.map(lambda p: Row(userId = int(p[0]), movieId = int(p[1]),
                                     rating = float(p[2]), timestamp = long(p[3])))
ratings = spark.createDataFrame(ratingsRDD)
(training, test) = ratings.randomSplit([0.8, 0.2])

#使用 ALS 在训练数据上建立 recommendation 模型
als = ALS(maxIter = 5, regParam = 0.01, userCol = "userId", itemCol = "movieId", ratingCol = "rating")
model = als.fit(training)

#通过在测试数据上计算 RMSE 评估模型
predictions = model.transform(test)
evaluator = RegressionEvaluator(metricName = "rmse", labelCol = "rating",
predictionCol = "prediction")
rmse = evaluator.evaluate(predictions)
print("Root - mean - square error = " + str(rmse))
```

9.4 本章小结

本章介绍了 Spark MLlib 的概念以及与 Map Reduce 相比较的优点，对 Spark 机器学习库中不同的两个包进行对比。对 Spark MLlib 提供的机器学习工具进行了介绍与举例练习，对特征工程中所包含的特征提取、特征转换、特征选择以及降维进行了介绍；详细介绍了机器学习库，包括分类、回归、聚类、协同过滤、降维等，并举例进行了说明。

课后习题

1. spark. mllib 与 spark. ml 有何区别?

2. 与 Map Reduce 相比较, Spark 有何优势?

3. 对 Spark MLlib 的通用算法进行总结。

4. 学习 Spark MLlib 在分类、回归、聚类、协同过滤中的应用。

参考文献

[1]周志华,王珏.机器学习及其应用2009[M].北京:清华大学出版社,2009.

[2]维克托·迈尔-舍恩伯格,肯尼思·库克耶.大数据时代:生活、工作与思维的大变革[M].盛杨燕,周涛,译.杭州:浙江人民出版社,2013.

[3]涂子沛.大数据:正在到来的数据革命,以及它如何改变政府,商业与我们的生活[M].桂林:广西师范大学出版社,2013.

[4]高新波,张军平.机器学习及其应用[M].北京:清华大学出版社,2015.

[5]范东来.Hadoop海量数据处理:技术详解与项目实战[M].北京:人民邮电出版社,2015.

[6]张安站.Spark技术内幕:深入解析Spark内核架构设计与实现原理[M].北京:机械工业出版社,2015.

[7]Holden Karau, Andy Konwinski, Patrick Wendell,等.Spark快速大数据分析[M].王道远,译.北京:人民邮电出版社,2015.

[8]Vijay Srinivas Agneeswaran.颠覆大数据分析:基于Storm、Spark等Hadoop替代技术的实时应用[M].吴京润,黄经业,译.北京:电子工业出版社,2015.

[9]王家林,王雁军,王家虎.Spark核心源码分析与开发实战[M].北京:机械工业出版社,2016.

[10]王家林,徐香玉.Spark大数据实例开发教程[M].北京:机械工业出版社,2016.

[11]高彦杰,倪亚宇.Spark大数据分析实战[M].北京:机械工业出版社,2016.

[12]刘军,林文辉,方澄.Spark大数据处理:原理、算法与实例[M].北京:清华大学出版社,2016.

[13]陈欢,林世飞.Spark最佳实践[M].北京:人民邮电出版社,2016.

[14]王家林,王雁军,王家虎.Spark大数据编程开发之旅[M].北京:机械工业出版社,2016.

[15]叶晓江,刘鹏.实战Hadoop 2.0:从云计算到大数据[M].北京:电子工业出版社,2016

[16]彭特里斯.Spark机器学习[M].南京:东南大学出版社,2016.

[17]于俊.Spark核心技术与高级应用[M].北京:机械工业出版社,2016.

[18]卓巴斯.PySpark实战指南:利用Python和Spark构建数据密集型应用并规模化[M].北京:机械工业出版社,2017.

[19]朱锋,张韶全,黄明.Spark SQL内核剖析[M].北京:电子工业出版社,2018.

[20]耿嘉安.Spark内核设计的艺术:架构设计与实现[M].北京:机械工业出版社,2018.

[21]纪涵,靖晓文,赵政达.Spark SQL入门与实践指南[M].北京:清华大学出版社,2018.

[22]肖芳,张良均.Spark大数据技术与应用[M].北京:人民邮电出版社,2018.

[23]林子雨,赖永炫,陶继平.Spark编程基础[M].北京:人民邮电出版社,2018.

[24]彼得·泽斯维奇.Spark实战[M].郑美珠,田华,王佐兵,译北京:机械工业出版社,2019.

[25]Sam R. Alapati. Hadoop专家:管理、调优与Spark[M].赵国贤,邓钫元,张京一等,译.北京:电子工业出版社,2019.